幼儿小百科
宇宙万物
这样运转

项华◎编著 樊煜钦◎绘

北京联合出版公司
Beijing United Publishing Co.,Ltd.

图书在版编目（CIP）数据

宇宙万物这样运转 / 项华编著；樊煜钦绘. —— 北京：北京联合出版公司, 2022.6

（幼儿小百科）

ISBN 978-7-5596-6146-3

Ⅰ.①宇… Ⅱ.①项… ②樊… Ⅲ.①宇宙 – 儿童读物 Ⅳ.①P159-49

中国版本图书馆CIP数据核字(2022)第059611号

幼儿小百科
宇宙万物这样运转

出 品 人： 赵红仕

项目策划： 冷寒风

作 者： 项 华

绘 者： 樊煜钦

责任编辑： 龚 将 李艳芬 牛炜征 李 伟

项目统筹： 鹿 瑶

特约编辑： 李楠楠

美术统筹： 田新培

封面设计： 罗 雷

北京联合出版公司出版

（北京市西城区德外大街83号楼9层 100088）

艺堂印刷（天津）有限公司印刷 新华书店经销

字数10千字 720×787毫米 1/12 3印张

2022年6月第1版 2022年6月第1次印刷

ISBN 978-7-5596-6146-3

定价：155.00元（共6册）

目录

离地球最近的星球

当地球、太阳和月球运行到一条直线，并且地球位于太阳和月球中间时，地球就会慢慢挡住太阳照向月球的光，于是人们就看到了月食。

月食

太阳

月球

1 发射光线

太阳

宇宙中有着无数星球，其中距离地球最近的是月球。自古以来，人们就对挂在夜空中的月亮充满了好奇，并赋予了它很多想象。

环形山

月海

月球表面布满了大大小小的圆形凹坑，叫作环形山。

人们错把月球上的暗淡黑斑当作海洋，于是叫它们"月海"。但其实它们是月球上的平原。

哇！

在中国的神话传说中，月亮上住着美丽的嫦娥。

在古罗马神话中，卢娜是月亮女神。

在墨西哥，人们为月亮神修建了宏伟的月亮金字塔。

地球绕着太阳转，月球绕着地球转。当月球转到不同位置的时候，我们在地球上看到的月亮也会不一样。

月球是地球唯一的天然卫星，它和地球已经相伴了约45亿年。

月球

地球

哇哦！

月相变化

3 看到月光

潮汐

地球

1969年7月，美国的"阿波罗11号"飞船载着阿姆斯特朗等三名宇航员成功完成了登月任务。

当地球、太阳和月球运行到一条直线，并且月球位于太阳和地球中间时，月球就会逐渐挡住太阳照向地球的光，于是人们就看到了日食。

"月球上的引力很小，没法正常走路，所以我们都选择跳跃着前进。"

跳

100N

太阳 *月球* *地球*

日食

月球本身并不会发光，那夜晚为什么会有月光呢？

2 反射光线

月球上的脚印

因为我们看到的月光其实是月球反射的太阳光。

月球上没有空气，也没有风和雨，所以宇航员留在月球上的脚印可以保留很长时间。

天 狗 食 月

白天约120℃

晚上约−180℃

啊呜！

好吃！

哎！！！

根据吉尼斯世界纪录，地球表面最高气温是56.7℃，最低气温是−89.2℃。

和地球相比，月球上的昼夜温差非常大。

在过去，人们认为月食是天狗在吃月亮，必须敲锣打鼓才能赶走天狗。

咚！！！

咚！！！

树木通常被认为是木本植物的统称，包括乔木和灌木等。和草本植物相比，树木有着更加坚硬的茎干。一般来说，树木都有根、茎、枝、叶共四部分，可以开花结果。

答案

猴面包树、椰子树和雪松属于乔木，玫瑰属于灌木，所以它们都是树木。巨柱仙人掌和毛竹则不属于树木。

花经过授粉后发育成果实。

叶可以进行光合作用，制造养料。

不同树木的叶子

枫叶
合欢树叶
银杏树叶
榕树叶
杨树叶
柳叶
梧桐树叶
白桦树叶

茎连接着树木的枝叶和根系。

数一数年轮有多少圈就知道我多大了。

根负责吸收土壤中的养分。一棵树的根系至少有它的树冠那么大。

如果某一年的雨水充足，那当年的年轮就会宽一些。

不同树木的花

梨花
木棉花
玉兰
栀子花
桃花
牡丹花
桂花

花的结构

花冠
雄蕊群
雌蕊
花萼
花瓣
花托

11

"飘"在空中的列车

磁悬浮列车是一种新型的轨道交通工具。和其他交通工具不同的是，磁悬浮列车并不需要轮子，因为它行进时是悬浮在轨道上的。

磁力是让我"飘"起来的秘密武器。

藏在生活中的磁力

我是冰箱。

啪!

冰箱贴

指南针

地球磁场的南极就在地理北极的附近。

地球

南

地球就像一块大磁铁。

我可以悬浮啦!

地球仪

33 米/秒

我是猎豹，地球上跑得最快的动物!

167 米/秒

我比猎豹快太多了!

青岛

同极相斥

南极

北极

北极

NO

排斥

磁铁

异极相吸

南极

北极

北极

南极

吸引

YES

每一块磁铁都有"南极"和"北极"。

2019年5月，由我国自主设计的高速磁悬浮试验样车在青岛下线。

磁悬浮列车的速度非常快，可以达到167米/秒。

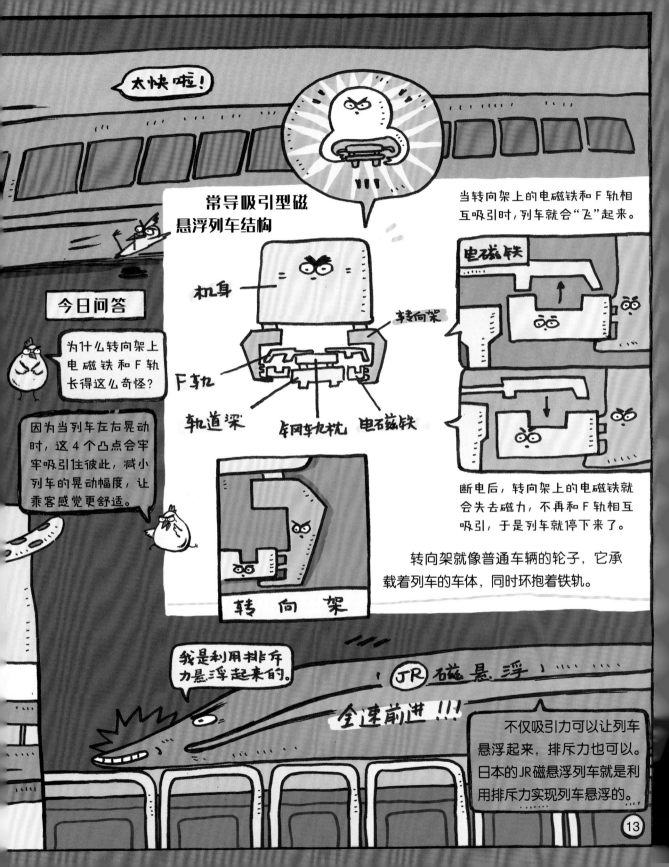

太快啦!

常导吸引型磁悬浮列车结构

当转向架上的电磁铁和F轨相互吸引时,列车就会"飞"起来。

今日问答

为什么转向架上电磁铁和F轨长得这么奇怪?

因为当列车左右晃动时,这4个凸点会牢牢吸引住彼此,减小列车的晃动幅度,让乘客感觉更舒适。

机身

转向架

F轨

轨道梁

车辆轨枕

电磁铁

电磁铁

断电后,转向架上的电磁铁就会失去磁力,不再和F轨相互吸引,于是列车就停下来了。

转向架就像普通车辆的轮子,它承载着列车的车体,同时环抱着铁轨。

转 向 架

我是利用排斥力悬浮起来的。

JR磁悬浮

全速前进!!!

不仅吸引力可以让列车悬浮起来,排斥力也可以。日本的JR磁悬浮列车就是利用排斥力实现列车悬浮的。

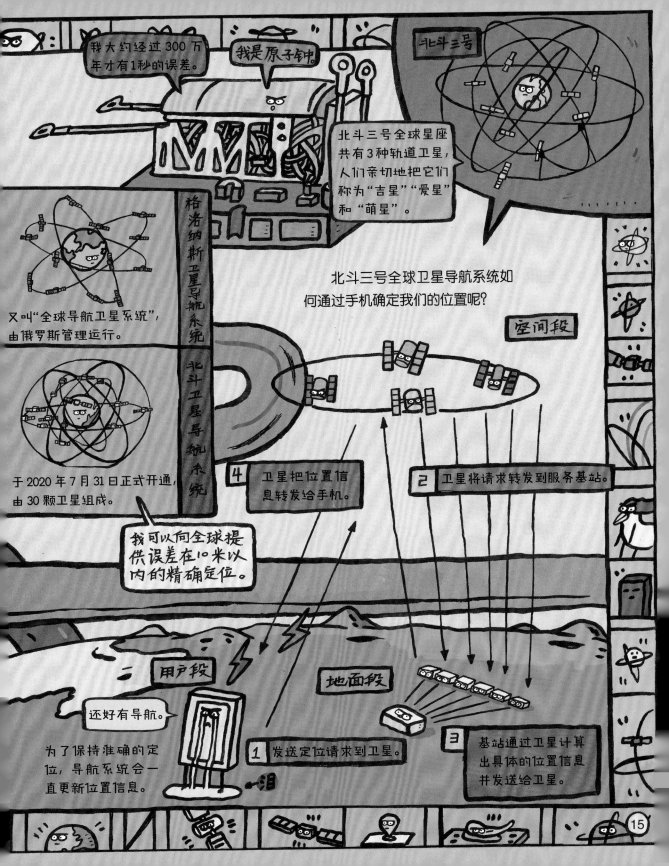

电脑听谁的

电脑可以进行很多复杂的工作, 但前提是, 需要有人给它编写及下达指令, 这些指令组成了我们常说的"程序"。

笔记本电脑体积小, 便于携带。

显示屏

键盘

触控区

我相当于电脑的心脏。

电脑的组成

电脑上摸得着的东西称为硬件, 比如鼠标、键盘、显示器等。

显示器

软件

电脑显示出来的, 看得见摸不着的程序叫作软件。

MONDAY

键盘

鼠标

有些电脑的主机和显示器被组合在一起, 形成了"一体机"。

机器人通常由执行机构、驱动系统、控制系统和智能系统组成。

控制系统告诉机器人如何行动。

它相当于人的大脑和神经系统。

摄像机一般用来当作机器人的眼睛。

智能系统

执行机构包括手部、腕部、腰部和基座等，和人的身体构造很像。

手部

形态一
形态二
形态三

腕部连接手臂和手部。

一切正常！

腰部相当于人的躯干。

基座

基座相当于人的两条腿。

你好啊，机器人

哪里也去不了了。

轮式

履带

可以步行哦！

固定基座

可移动基座

看，这是一个智能机器人。它有着人的外形，可以像人一样说话、行走，还可以帮助人们做很多事情。很多科学家还在研究如何让它像人一样独立思考，但目前还没有实现。

一个机器人的制作需要很多人共同完成。

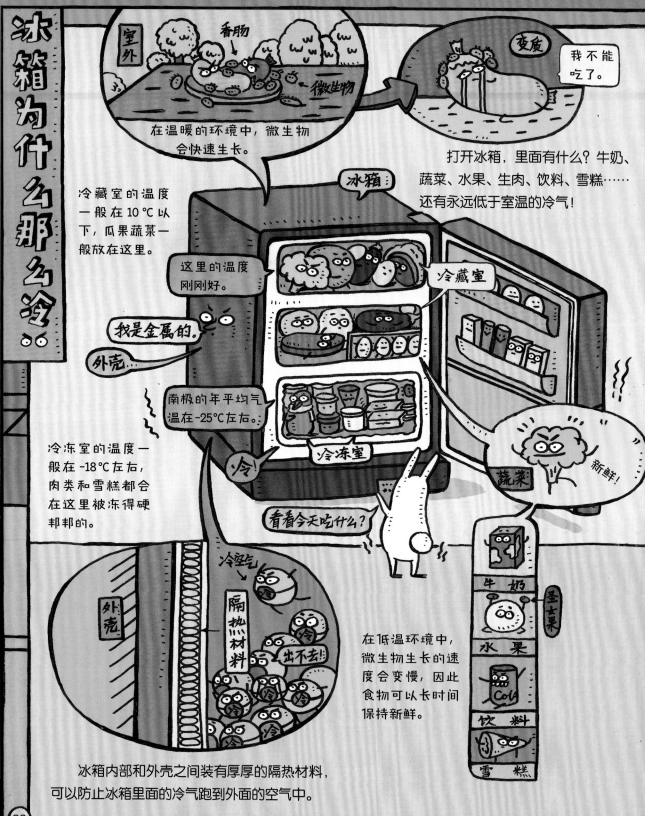

冰箱为什么那么冷？

室外

香肠

微生物

在温暖的环境中，微生物会快速生长。

变废

我不能吃了。

打开冰箱，里面有什么？牛奶、蔬菜、水果、生肉、饮料、雪糕……还有永远低于室温的冷气！

冰箱

冷藏室的温度一般在 10℃ 以下，瓜果蔬菜一般放在这里。

这里的温度刚刚好。

冷藏室

我是金属的。

外壳

南极的年平均气温在 -25℃ 左右。

冷冻室

冷

冷冻室的温度一般在 -18℃ 左右，肉类和雪糕都会在这里被冻得硬邦邦的。

看看今天吃什么？

蔬菜

新鲜！

冷空气

外壳

隔热材料

出不去！

牛奶

圣女果

水果

Cola

饮料

雪糕

在低温环境中，微生物生长的速度会变慢，因此食物可以长时间保持新鲜。

冰箱内部和外壳之间装有厚厚的隔热材料，可以防止冰箱里面的冷气跑到外面的空气中。

扫地除尘好帮手

扫帚是我们最常用的清洁工具之一，环卫工叔叔用大扫帚清扫街道，妈妈用小扫帚打扫家里。当遇到不容易被扫帚清理干净的地毯时，就需要吸尘器来帮忙了。

又厚又软的地毯踩起来很舒服，但它也是垃圾藏身的好地方。

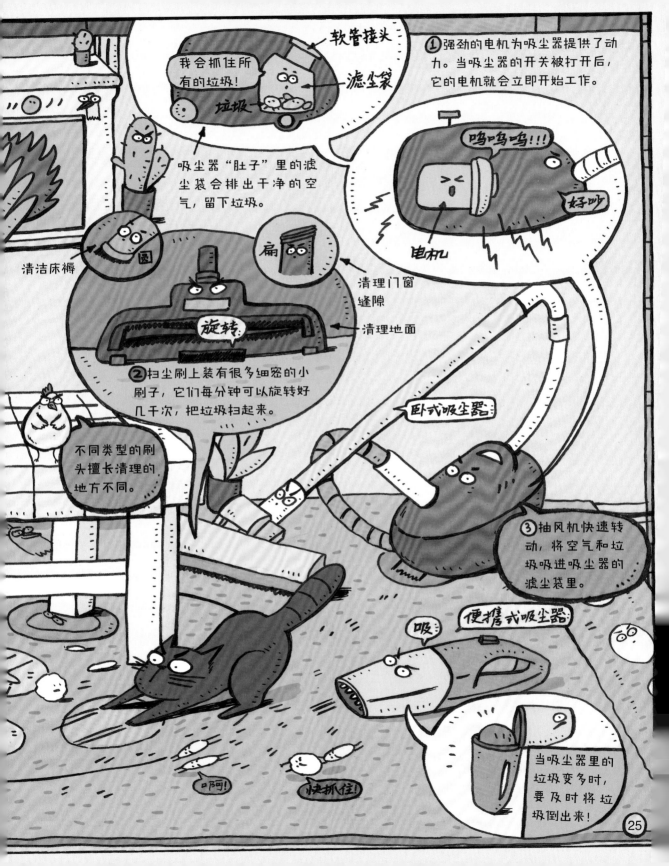

进入加油站加油的时候禁止吸烟和打电话。

汽车的"食物"

汽车是人们出行时最常使用的交通工具之一。最开始，汽车是靠吃"蒸汽"运行的，后来，汽车的食物变成了电、汽油和柴油等。直到现在，汽油都是大部分车辆的动力来源。

石油被称为"工业的血液"。从石油中，人们可以提取出上千种产品。

石油全身都是宝

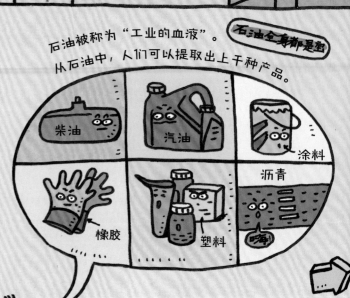

柴油　汽油　涂料　橡胶　塑料　沥青　嗨！

汽油是怎么来的呢？

哦！

我是翻车鱼，不是鲨鱼。

啊！鲨鱼

① 数亿年前，生活在海里的生物在死亡后不断地沉入海底，被泥浆掩盖。

④ 石油比水轻，所以它们会顺着地下的缝隙慢慢向上移动，直到进入封闭的穹顶，再也不能继续往上。

穹顶

② 这些生物在泥浆中不断地腐烂、分解。

③ 几百万年后，生物腐烂后剩下的残留物质在高温高压下变成了黏稠的液体，这就是石油。

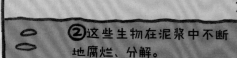

掩埋　海洋生物

石油

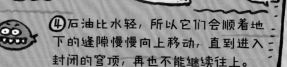

地震反射波法是目前应用最广泛的油气勘探方法之一。人们通过观测和分析人工发出的冲击波在地下的反射情况来判断是否有石油存在。

有石油!

接收器

震源

⑤ 地质学家通过勘探发现了藏在地下的油田。

在加油站里可以看到不同型号的汽油。这些汽油的数值越大，抗爆性越好。

游梁式抽油机又叫作磕头机，是一种常见的采油机器，可以把石油从地下抽到地面。它工作时就像一个跷跷板，驴头和平衡块交替升起、落下。

驴头

⑥ 钻井
确定好石油的位置后，人们就会用钻机在海底钻出一口井。

平衡块

⑦ 采油

⑧ 石油经过简单处理后，被运送到炼油厂。

金刚石钻头

石油

地下有很多石头，需要用金刚石钻头才可以穿透。

金刚石是世界上最坚硬的物体。

⑩ 加工得来的汽油被运到加油站，随时准备为汽车加油。

⑨ 在炼油厂里加工石油。

27

海洋里的盐分浓度是不一样的。死海的盐分浓度很高，人们甚至可以不借助任何工具就漂浮在海面上。

死海

卖水果！

重要

盐

铁

在古代，盐被认为是和铁一样重要的资源，只能由官府进行经营。在唐朝，还有专门管理盐和铁的盐铁使。

察尔汗盐湖是中国的四大盐湖之一，人们在厚厚的盐盖上修建了著名的"万丈盐桥"。

万丈盐桥

再次蒸发结晶

盐

得到精盐

达成

收集起来的粗盐经过过滤洗涤后去除了杂质。

洗涤 5 噢！

生活在非洲达纳基勒洼地的阿法尔人世代以采盐为生，骆驼是他们最忠实的伙伴。

我是盐

我也是

口海！

这时的盐还是不能食用的粗盐。

4 收盐

被炸开的玉米

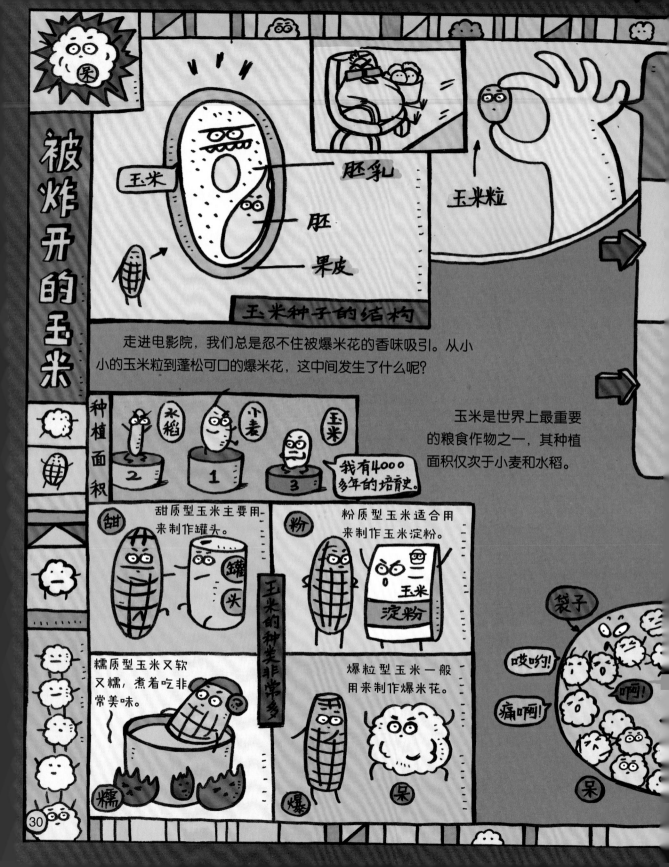

玉米

胚乳

胚

果皮

玉米种子的结构

玉米粒

走进电影院，我们总是忍不住被爆米花的香味吸引。从小小的玉米粒到蓬松可口的爆米花，这中间发生了什么呢？

玉米是世界上最重要的粮食作物之一，其种植面积仅次于小麦和水稻。

种植面积

水稻 2

小麦 1

玉米 3

我有4000多年的培育史。

玉米的种类非常多

甜 甜质型玉米主要用来制作罐头。 罐头

粉 粉质型玉米适合用来制作玉米淀粉。 玉米淀粉

糯 糯质型玉米又软又糯，煮着吃非常美味。

爆 爆粒型玉米一般用来制作爆米花。

袋子

哎哟！

痛啊！

啊！

呆

黑乎乎的酱油是大豆和小麦做成的；

稻米和高粱都可以酿成醋；

好玩的泡泡糖来自天然的树胶；

美味的竹笋淋过春雨后会迅速长成竹子；

用来清洁的肥皂是油脂制成的；

弯弯曲曲的蚊香是用漂亮的除虫菊做原料的；

白花花的棉花经过加工可以变成五颜六色的服装；

又小又黑的蝌蚪长大后就会变成青蛙；

蜻蜓小时候是凶猛的水虿。

它们是怎么来的

幼儿小百科

生命
答案之书

知了◎编著 [葡]卡蒂亚·维迪纳斯◎绘

北京联合出版公司
Beijing United Publishing Co., Ltd.

图书在版编目（CIP）数据

生命答案之书 / 知了编著；（葡）卡蒂亚·维迪纳斯绘. — 北京：北京联合出版公司，2022.6
（幼儿小百科）
ISBN 978-7-5596-6146-3

Ⅰ.①生… Ⅱ.①知… ②卡… Ⅲ.①生命科学 – 儿童读物 Ⅳ.①Q1-0

中国版本图书馆CIP数据核字(2022)第059615号

幼儿小百科
生命答案之书

出 品 人：赵红仕
项目策划：冷寒风
作　者：知　了
绘　者：［葡］卡蒂亚·维迪纳斯
责任编辑：龚　将　李艳芬　牛炜征　李　伟
项目统筹：鹿　瑶
特约编辑：鹿　瑶
美术统筹：纪彤彤
封面设计：何　琳

北京联合出版公司出版
（北京市西城区德外大街83号楼9层　100088）
艺堂印刷（天津）有限公司印刷　新华书店经销
字数10千字　720×787毫米　1/12　3印张
2022年6月第1版　2022年6月第1次印刷
ISBN 978-7-5596-6146-3
定价：155.00元（共6册）

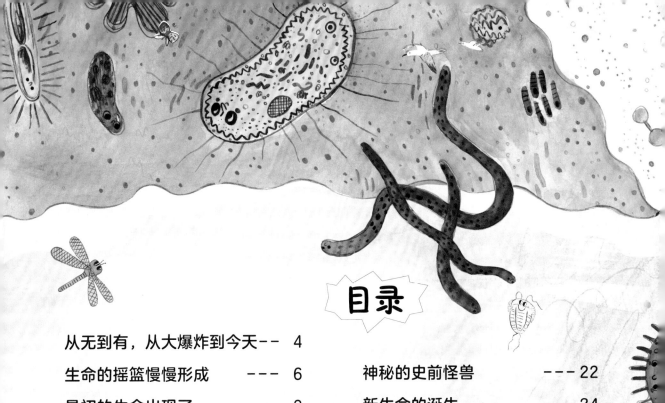

目录

从无到有，从大爆炸到今天

很久很久以前，世界一片**虚无**。突然发生了一次空前的宇宙**大爆炸**，宇宙从一个小小的点开始疯狂膨胀，爆炸产生的气体、碎石和尘埃相互吸引，逐渐形成了**各种各样的星体**，我们的**地球**也随之诞生了。

在我们眼中，**地球**很大，可是如果你跟随**宇航员**来到无比辽阔的**太空**，会发现所有的星体在太空中都显得那么**渺小**，就像一粒粒**尘埃**。

看到了吗？那颗**蓝色的星球**就是地球。它在宇宙中虽然很渺小，却是一颗存在**生命**的星球。它由厚厚的**大气层**保护着，创造了一个美丽的大自然，为无数生物提供了**生命环境**。

宇航员

那么，你知道**最早的地球**是什么样的吗？

现在，让我们穿越时光隧道回到**46000000000年前**，看看地球刚刚**诞生时**的样子吧！

生命的摇篮慢慢形成

起初，在非常漫长的一段时间里，地球表面到处都是  喷发的**火山**，滚烫的**岩浆**像海洋般遍布整个地球。

火山的类型

活火山：随时会喷发。

休眠火山：在很长时间里都不会喷发。

死火山：基本不会再喷发了。

巨大的**陨石**从太空飞降而来，撞向地球，引发爆炸。

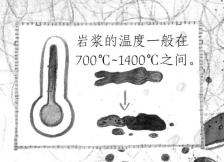

岩浆的温度一般在 700℃~1400℃之间。

熔岩流

所以，地球诞生之初的生命世界一片**宁静**，我们看不到花草树木，也看不到活蹦乱跳的动物。

经过漫长的时间流逝，地表才慢慢**冷却**下来，火山喷发出的水蒸气慢慢形成**液态水**，汇聚成广阔的原始海洋。

这时的地球就像一个**火球**，**地表**温度非常高，没有液态水，没有氧气，更**没有生命**。空气中遍布着有毒气体和许多化学物质。

熔岩是从地球内部流出来的**熔化的岩石**。

最初的生命出现了

远古时代，在漆黑的**海底火山**附近，一些微小的颗粒聚集在一起，形成了一团团柔软的 **胶状物质**，它们非常小，也没有固定的**形状**，在水中漂浮着，我们把它们叫作**细胞**。

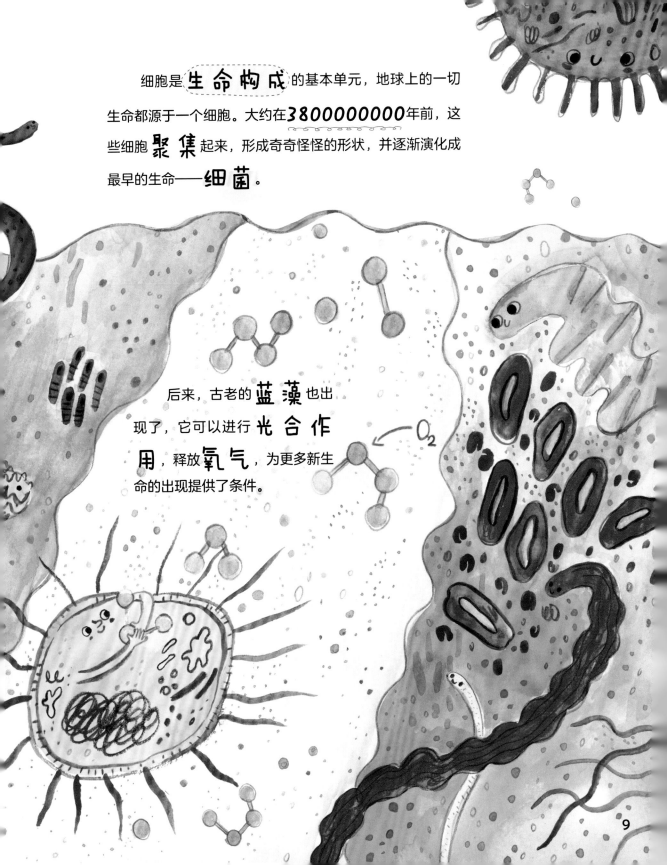

细胞是 **生命构成** 的基本单元，地球上的一切生命都源于一个细胞。大约在 **38000000000** 年前，这些细胞 **聚集** 起来，形成奇奇怪怪的形状，并逐渐演化成最早的生命——**细菌**。

后来，古老的 **蓝藻** 也出现了，它可以进行 **光合作用**，释放 **氧气**，为更多新生命的出现提供了条件。

O_2

寒武纪生命大爆发

寒武纪时期，海洋里突然充满了各种各样的  原 始 生 物，透明的水母、细长的蠕虫、柔软的扁形虫和像植物一样附着在海床上的动物。

随着时间的推进，有着坚硬外壳的 **三 叶 虫** 和 **贝 类** 慢慢出现。像现在的蚯蚓一样，它们喜欢钻进海底的泥沙里，有些 "穴居" 在泥土形成的洞里，靠吃周围的小动物或微生物来维持生命。

三叶虫

巨大的 **奇 虾** 有两个前肢，可以帮助它们捕食。它们是海洋里其他动物的天敌。

泥沙

柔软的水母

原始的多细胞动物 **海绵**，长得有点儿像植物。它们**不能行走**，附着在海底礁石上，通过身上的**小孔**吞食水中的营养物质。

海绵

扁平的扁形虫

海床

细长的蠕虫

一些**水生植物**
也出现了，并成为海洋动物的重要食物来源之一。

11

进入鱼类时代

过了几百万年，有些 **原始的海洋动**

物 慢慢演变成了 **早期鱼类。**

　　最早的鱼没有鳍，它们依靠 **脊椎骨** 支撑起柔软的身体，**吸**

食 水中的小颗粒食物和泥土。

　　后来鱼类慢慢长出能够 **活动** 的上、下颌骨，开始有了锋利的牙

齿，可以 **灵活** 地张开嘴巴，一口 **咬** 下满嘴的食物。

再看就把你
吃掉！

长出牙的鱼

早期的鱼类

我要长得再大一点
儿，以免被吃掉。

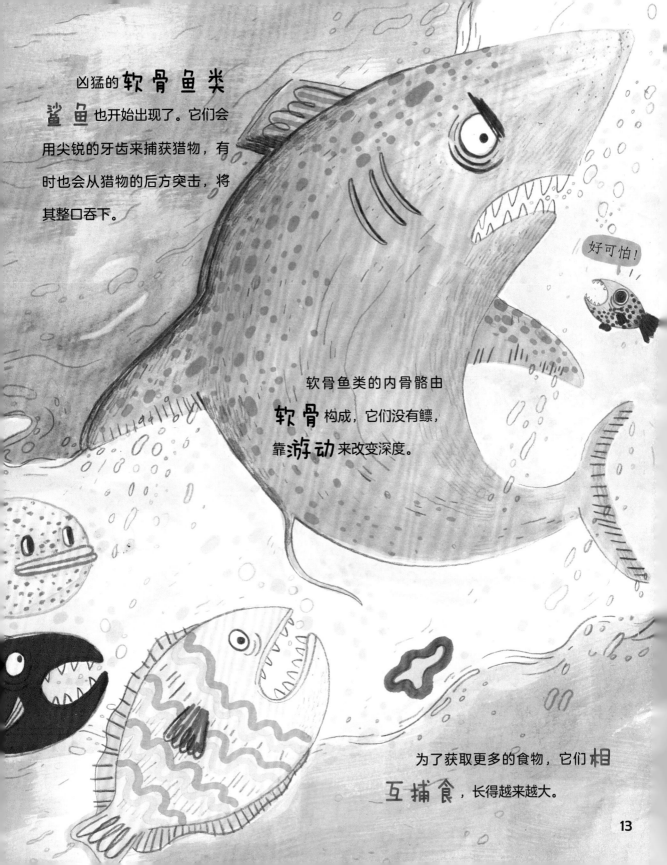

凶猛的**软骨鱼类**鲨鱼也开始出现了。它们会用尖锐的牙齿来捕获猎物，有时也会从猎物的后方突击，将其整口吞下。

好可怕！

软骨鱼类的内骨骼由**软骨**构成，它们没有鳔，靠**游动**来改变深度。

为了获取更多的食物，它们**相互捕食**，长得越来越大。

13

从海洋爬向大陆

有些藻类生活在**浅海区**，潮涨潮落时，它们便**试探**着朝海滩边生长，演化出维管组织，减少对**水**的依赖，渐渐**进化**成各类陆地植物。昆虫和早期两栖动物也开始**爬向大陆**。

巨脉蜻蜓挥舞着约60厘米长的大翅膀，飞翔在原始的森林中。

提塔利克鱼拥有和鱼一样的鳃和鳍，还进化出了灵活的脖子，可以抬起头望向四周。

终于上岸了！

蕨类植物也不断在陆地上扩展。之后，陆地上开始渐渐有了高大的树木。

最早的爬行动物——**林蜥**开始出现在陆地上，身体上还覆盖有防水的鳞片，看起来很像现在的蜥蜴，不过它们仍然需要在水里产卵。

在温暖、潮湿、阴暗的地方，甚至在岩石上，都能看到**藻类**和**苔藓**的踪影。

恐龙时代来临

突然，一场可怕的**灾难**发生了，火山开始大规模**喷发**，地球变得又干又热，干旱几乎摧毁了一切，地球上的生命**危在旦夕**。

统治地球的恐龙

海洋由我统治！

鱼 龙 长着大大的眼睛，非常擅长游泳，需要浮出水面呼吸，是一种外形类似鱼类的大型爬行动物。

危机过后，气候变得温暖又潮湿，郁郁葱葱的植物为**植食性恐龙**提供了丰盛的食物。

翼龙的**翅膀**是由皮肤膜衍生出来的，上面没有覆盖着羽毛。

翼龙

翼龙可不是恐龙哟！

爬行动物最快恢复生机，它们开始产下有壳的卵，可以在陆地上迅速**繁殖**，身体也变得越来越大，慢慢进化成陆地上最大的生物——恐龙。因为身躯巨大，它们成了陆地上的**霸主**。

茂盛的植物

此时，**裸子植物**的分布十分广阔，它们寿命很长，演化比较慢。

飞向天空的鸟

一些体形**较小**的爬行动物开始爬到树上，慢慢地，它们身上长出了**翅膀**和**羽毛**，从一棵树滑翔到另一棵树上。它们是鸟类的祖先——**始祖鸟**。

始祖鸟的嘴里长满了细小而尖锐的**牙齿**，可以用来捕食昆虫。

原始丛林

它们擅于**行走**和
奔跑，所以能够快速地捕捉到猎物。

始祖鸟

原始丛林为我们提供了很好的生存环境。

19

早期的哺乳动物

它们主要在**夜间**出来活动，也不再依靠产卵生育后代，而是直接产下幼崽。

隐王兽

哺乳动物逐渐出现

另一类爬行动物进化成了**原始的哺乳动物**。它们长得像现在的老鼠，体形很小，浑身长毛，以**植物**、**昆虫**为食，喜欢蹿到树上或钻到地洞里。

后来，灾难又一次降临，一颗巨大的行星**撞击**地球，空气中充满了浓烟和灰尘，阻挡了**阳光**的照射，植物无法生存，许多动物随之死去。

但是，那些长有毛发的**小型动物**幸存下来，并演化成地球上数量和种类最多的**哺乳**动物。它们大部分在陆地上生活，有些也生活在水中。

大批裸子植物也同恐龙一起**灭绝**了，只有极少数留存下来，比如苏铁、水杉、银杏等。随后，开花的**被子植物**也开始渐渐**繁盛**起来。

这是一种像巨型蜥蜴的**爬行动物**，它们的背上长着像船帆一样的背帆，可以用来**调节**体温、求偶或击退敌人。

那时的**蝙蝠**跟现在的蝙蝠长得非常相像，但是身体却大很多，昆虫是它们的美食。

剑齿虎和狮子的大小差不多，它们有两颗长而锋利的牙齿，用来猎杀其他动物。

神秘的史前怪兽

恐龙灭绝后，地球上逐渐出现了**不同体形**的哺乳动物，甚至出现了长相十分奇特的**怪兽**。

恐狼 比现在的狼大一些，牙齿极为锋利，能轻易咬碎猎物的骨头，主要的猎物为长角野牛。

巨型短脸熊

猛犸象 生活在冰川时期，它们的身体被**厚厚**的长毛覆盖，具有极强的御寒能力。

猛犸象

长角野牛

猛犸象 体形高大，长着一对弯弯的**象牙**。

新生命的诞生

直到今天，**动物和植物**还在用各自**独特**的繁殖方式，不断繁衍新的生命。

大多数**哺乳**动物都直接生下宝宝。在出生前，这些宝宝在**妈妈的肚子里**慢慢长大。

哺乳动物 →

植物

有些植物会产生**孢子**进行繁殖，有些植物利用**自身**的某部分进行繁殖，还有些植物开花授粉后，形成**种子**。种子被放到合适的环境中，就可以**孕育**出新的生命。

鸟类、爬行类、两栖类、鱼类动物在**卵壳**的保护下发育生长。卵能够保护和滋养动物**胚胎**。到了特定的时间，动物宝宝便会**破卵而出**。

在**大马哈鱼爸爸**的精心照顾下，大马哈鱼受精卵经过漫长冬季的发育，来年**春天**便孵化成一条条新生命。

鸟类

爬行类动物

鳄鱼妈妈将卵埋在沙土或草丛中，经过两三个月的发育，鳄鱼宝宝就会**孵化**出来。

动物植物 "大搬家"

在 🌍 地球上，每年会有许多**动物**从一个地方**"搬家"**到另一个地方去，我们把这叫作**"迁徙"**。

冬天来临，许多**鸟儿**为了躲避严寒，寻找更加充足的**食物**，便集体从北方飞往南方。

新的家园在等着我们！

海龟生活在隐蔽的海湾，到了**产卵**的季节，它们会游上几千米，回到最初的出生地筑巢产卵。

加油，快游到老家啦！

植物们大都不能行走，但有个别的植物会通过特殊的方式寻找新的**家园**。比如，蒲公英可以依靠**种子**随风飘散，来扩展自己的"地盘"。

每当旱季来临，草原干枯，成群的**野牛**必须去寻找新的栖息地，它们的旅途十分漫长，有时还要穿过湍急的河流。

鲑鱼每年都会由海洋洄游到溪流，并在那里产卵繁殖。

荒无人烟的沙漠

无边无际的沙漠是**沙子**的王国，这里雨水稀少，风沙大，气温也很**高**，四处**荒无人烟**，但是依然有生命生活在这里。它们不怕干旱，也不怕炎热，**生存**能力非常强。

驼峰是储存脂肪的仓库。

骆驼的长睫毛能阻挡沙子入眼。

骆驼被称为"沙漠之舟"，它们有很多独特的本领，比如能驮运很重的物品，能好几天不喝水。

骆驼扁平的脚掌能避免其陷进沙漠。

沙漠里昼夜温差大，白天烈日炎炎，晚上的温度却很低。为了躲避高温，动物们大都在晚上出来活动，寻找食物。

沙漠蝙蝠

沙漠蝙蝠依靠仙人掌的花蜜来穿越酷热的沙漠。

仙人掌有高超的储水能力。

羚羊

仙人掌

响尾蛇

耳廓狐

耳廓狐用它的大耳朵保持身体凉爽。

沙漠鬣(liè)蜥

跳鼠

以色列金蝎

以色列金蝎的尾巴末端长着螯刺，它的毒液能让昆虫瞬间丧命。

冰天雪地里的多彩生命

北极地区是指**北极圈**以内的地区，那里的大海封冻结冰，是非常寒冷的**冰雪世界**，而且终年气温都很低，即使在这样的低温下，仍有很多生命在那里**生存**。

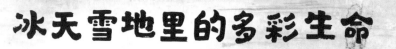

因纽特人已经在北极生活了很久。白茫茫的大地上，小雪屋就是他们的家。

独角鲸

独角鲸是北极特有的鲸，它的**长牙**可达3米，像长长的角，所以叫独角鲸。

苗鱼

环斑海豹

高大的**冰 山**漂浮在海面上，但这并不是它的全貌，浸在海水中的冰山体积更大。

海象

北极熊

北极狐

旅鼠

北极熊的毛又长又密，使它们能够适应寒冷的气候。北极熊是世界上**最 大**的陆地食肉动物之一，海豹是它们最爱的美食。

北极狐会高高**跳 起**，将冰雪下的旅鼠窝压塌。

北极鳕鱼

灰鲸

神奇的食物链

在自然界中，地球上的每一个 生物物种都被 条食物链无形联系着。

在**海洋**中，藻类和微生物为磷虾提供了食物，磷虾是鱼类的食物，鱼类会被海豹吃掉，而海豹同时也是鲸的食物。

海洋食物链：

1 磷虾

2 鱼类

陆地食物链：

1 植物

在**陆地**上，植物为食草动物提供食物，食草动物又会成为食肉动物捕食的对象。它们共同组成了一条看不见的**食物链**。

同一种植物会被不同的动物取食，同一种动物也拥有多种食物来源。不同的食物链相互连接，组成巨大的**食物网**。

我会被谁吃掉？

鲸死亡后，最终会被微小的细菌分解，成为海洋生物重要的食物来源之一。

3 海豹

4 鲸

3 食肉动物

2 食草动物

即将消失的动物

由于**气候**变化、人类对大自然的 过**度开发**等原因，动物的居住环境、栖息地遭到了破坏，导致动物**灭绝**或**濒临灭绝**。

海洋的环境污染和人类的过度捕捞，使许多海鸟和鱼类都濒临灭绝。

在**非洲草原**，由于人们的大肆放牧和捕杀，羚羊、大象、犀牛等动物越来越少。

在两极地区，**温室效应**导致气温升高，冰川融化，企鹅、北极熊、海豹等动物正面临着严峻的生存威胁。

没想到这里的冰也在融化。

谁来救救我们！

雨林面积的减少，使得生活在热带雨林的金刚鹦鹉、箭毒蛙等动物，随时可能从地球上消失。

如果动物都灭绝了，那世界还有什么意思呢？让我们一起来保护它们吧！

海洋深处也有生命吗

海洋深处又黑又冷，生物也相对较少。蓝鲸、帝企鹅、抹香鲸和大王乌贼能下潜到很深的地方。在更深、更暗的海底也有少量动物生存，有些动物竟然还长着"小灯泡"为自己照亮。

有些蓝鲸和帝企鹅能下潜到海下约500米处。

抹香鲸和大王乌贼可以到达海底约2000米深的地方。

幼儿小百科

国宝里的中国

李凯 孙向荣◎编著 蒙阳◎绘

北京联合出版公司
Beijing United Publishing Co.,Ltd.

图书在版编目（CIP）数据

国宝里的中国 / 李凯, 孙向荣编著 ; 蒙阳绘. ——
北京 : 北京联合出版公司, 2022.6
　（幼儿小百科）
　ISBN 978-7-5596-6146-3

　Ⅰ.①国… Ⅱ.①李… ②孙… ③蒙… Ⅲ.①历史文
物 – 中国 – 儿童读物 Ⅳ.①K87-49

中国版本图书馆CIP数据核字(2022)第059623号

幼儿小百科
国宝里的中国

出 品 人：赵红仕
项目策划：冷寒风
作 　 者：李 凯　孙向荣
绘 　 者：蒙 阳
责任编辑：龚 将　李艳芬　牛炜征　李 伟
项目统筹：鹿 瑶
特约编辑：鹿 瑶
美术统筹：田新培
封面设计：罗 雷

北京联合出版公司出版
（北京市西城区德外大街83号楼9层　100088）
艺堂印刷（天津）有限公司印刷　新华书店经销
字数10千字　720×787毫米　1/12　3印张
2022年6月第1版　2022年6月第1次印刷
ISBN 978-7-5596-6146-3
定价：155.00元（共6册）

目录

※ 本书文物数据来源于馆藏博物馆官网、《中国大百科全书》（第二版）。

贾湖骨笛｜穿越8000年的笛声

姓　名：贾湖骨笛
年　龄：8000多岁（新石器时代）
发现地：河南省舞阳县贾湖遗址
现居地：河南博物院

我是贾湖骨笛，一支用骨头做成的笛子。

骨笛上有7个音孔。

用鹤类禽鸟的尺骨制作而成。

可以演奏出近似七声音阶的乐曲。

全长23.6厘米。

在河南省舞阳县贾湖村，考古学家发现了一个巨大的新石器时代遗址。人们在遗址中发现了目前中国发现的时代最早、保存最完整的吹管乐器——贾湖骨笛。

这就是玉石吗？

"中华第一笛"

贾湖骨笛的音孔非常整齐，且每个孔之间的距离都经过精密计算。过去，人们一直认为七声音阶来源于西方，贾湖骨笛的出土，证明了早在8000多年以前，我们的祖先就已经有能演奏七声音阶的乐器了。

玉的中国魂

中国是最早使用玉器的国家之一，早在新石器时代就已经出现了玉器。玉是身份等级的标志，也是重要的宗教、礼制器具。

红山玉龙

不同文明在起源初期都会对某种动物产生崇拜。红山玉龙就是中国龙形象的雏形。

人面纹玉琮

在良渚文化中，玉琮象征神权。这件人面纹玉琮纹饰精美，被称为"玉琮之王"。

制作工具

发现骨头制作的针等编织工具，表明贾湖先民可能掌握了基本的编织和缝纫技能。

酿酒

在贾湖出土的陶器中检测到了酒石酸，说明贾湖先民可能已经掌握了酿酒技术。

贾湖先民的智慧

在舞阳县贾湖遗址中，考古学家还发现了先民制作玉器和石器、使用契刻符号、饲养家畜、生产粮食作物的痕迹。

精美的陶器

陶器是用黏土烧制而成的器皿，是新石器时代的主要器皿之一。

鹰形陶鼎

仰韶文化的代表陶器，以鹰为造型，将艺术与实用功能完美结合。

旋纹尖底彩陶瓶

马家窑文化代表陶器，是一种取水工具。

舞蹈纹彩陶盆

马家窑文化的代表陶器，陶盆上的图案展现了几千年前的舞蹈。

契刻符号

贾湖遗址内发现了刻有契刻符号的龟甲、象牙雕板、骨叉形器等物品，表明贾湖先民已有了原始崇拜的意识。

这个陶罐用来装粮食。

家畜饲养

遗址中发现了各种家畜的骨骼，说明当时畜牧业已经初具雏形。

捕鱼

遗址中发现了鱼骨，说明贾湖先民可能已经掌握了捕鱼的方法。

稻作农业

在贾湖遗址的发掘中，考古人员发现了大量的碳化稻米，证明贾湖先民在8000多年前就掌握了初步的农耕生产技术。

5

"妇好"青铜鸮尊 | 女将军的遗产

姓　名："妇好"青铜鸮（xiāo）尊
年　龄：3000 多岁（商代）
发现地：河南省安阳市妇好墓
现居地：河南博物院、中国国家博物馆

虽然我是个酒杯，但是我的体重足足有 16 千克！

高约为 46 厘米。

这件鸮尊十分精美，饰有雷纹、蝉纹、饕餮纹等花纹。

1976年，人们揭开了妇好墓的神秘面纱。在出土的数千件文物中，"妇好"青铜鸮尊格外引人注目，它是目前中国发现的年代最早的鸟形青铜尊，具有极其重要的地位。

兄弟，我们是不是见过？

"妇好"是个名字

妇好是商王武丁的妻子，她不仅是母仪天下的王后，还是一位女将军。"妇好"青铜鸮尊就是在妇好的墓中发现的。

长得有点萌

"鸮"是猫头鹰的意思，猫头鹰在古代被视为"战争之神"。仔细看，"妇好"青铜鸮尊是不是就像一只萌萌的猫头鹰？

武丁是谁

妇好的丈夫武丁是一位更加传奇的人物，他是商代"知名度"最高的君主之一，在位长达59年，带领商代走向富强，史称"武丁中兴"。

有没有"武丁鸮尊"

武丁和妇好感情很好，"妇好"青铜鸮尊可能是武丁送给妇好的礼物。因为酒尊内部铸有妇好的名字，后人才能由此得知这件鸮尊属于妇好。目前暂未发现铸有武丁名字的鸮尊。

莲鹤方壶

皿方罍

四羊青铜方尊

『妇好』青铜鸮尊

何尊

乳钉纹铜爵

兽面纹铜觚

铜方斝

超级大酒杯

尊、壶、罍（léi）、爵、觚（gū）、斝（jiǎ）等都是古代饮酒或盛酒的器具，与现在的酒具相比，这些酒具着实有点大。有人认为这是因为商代酿酒技术还不成熟，酒的度数很低，不容易喝醉。还有人推测，这些酒杯主要用于祭祀而非日常使用。

"禁"指的是存放酒具的案台，据推测，人们用这个名字来警醒自己不要过度沉迷于饮酒之乐。

云纹铜禁

妇好墓里还有什么宝贝

妇好墓是自殷墟发掘以来唯一保存完整、未经扰动的王室墓葬，墓中出土了青铜器、玉石器、象牙器等近2000件随葬品。其中有100多件青铜礼器上铸有"妇好"或"好"字，表明了器物主人的身份。

青玉鸟形佩　带流虎鋬（pàn）象牙杯　玛瑙串饰

"妇好"青铜偶方彝（yí）

"妇好"青铜三联甗（yǎn）

铜钺（yuè）

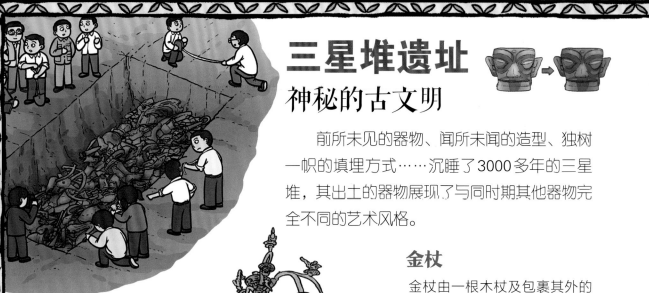

三星堆遗址
神秘的古文明

　　前所未见的器物、闻所未闻的造型、独树一帜的填埋方式……沉睡了3000多年的三星堆，其出土的器物展现了与同时期其他器物完全不同的艺术风格。

金杖

　　金杖由一根木杖及包裹其外的一层薄薄的金皮制作而成，出土时木杖已经碳化成木渣，只剩下金皮。三星堆金杖是目前已出土的中国同时期金器中体量最大的一件。

I号大型铜神树

　　神树由底座、树和龙三部分组成，通高3.96米，是中国目前发现的最高、最大的青铜树。

　　树分三层，每层三枝，共九枝。

　　全树共有二十七枚果实，九只神鸟。

　　专家们对金杖的性质推测不一，有人认为它是权力的象征，也有人认为它是祭祀时使用的器物。

青铜太阳轮

　　这件器物造型奇特，因与"太阳芒纹"相似，所以发掘者将其定名为"太阳形器"。但也有研究者认为它象征车轮。

这个文物怎么长得像汽车轮毂（gǔ）？

　　金杖上绘有鱼和鸟的图案。

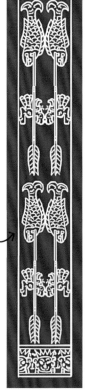

青铜纵目面具

三星堆遗址中出土了大量青铜面具，青铜纵目面具是其中造型最奇特、最威风的一个。古文献记载蜀人始祖蚕丛的形象特征即为"其目纵"。专家推测，青铜纵目面具的造像依据很可能与古史所记述的蚕丛有关。

青铜纵目面具

青铜兽面

戴金面罩青铜人头像

青铜人头像

青铜立人像

人像高1.8米、通高约2.6米，是三星堆青铜雕像群中堪称"领袖"的一尊铜像。专家推测，它是集神、巫、王三者身份于一体的领袖人物，是神权与王权的象征。

青铜立人像看起来手中好像拿着某种器物，有人认为是权杖，有人认为是象牙，还有人认为这是某种特定动作。

我拿的是权杖吗？

还是拿的象牙呢？

难道我在跳舞吗？

青铜神坛

三星堆遗址中出土的最具神秘色彩的青铜器之一，共有四层，铸造工艺非常复杂。

我驮的东西有点多！

掩埋之谜

在那个年代，青铜器是非常珍贵的器物，为什么这些精美、高贵的青铜器会被焚烧、掩埋呢？考古学家推测可能是因为某种原因导致这些青铜器被毁坏了，失去了祭祀功能，所以只能掩埋。也可能掩埋本身就是一种祭祀方式。

越王勾践剑

剑和矛的故事

国宝档案

姓　名：越王勾践剑
年　龄：2500多岁（春秋）
发现地：湖北省江陵县望山一号楚墓
现居地：湖北省博物馆

剑长55.6厘米，宽约5厘米。

重量只有875克，不足两瓶矿泉水的重量。

剑身写有"越王鸠浅（勾践）自乍（作）用剑"。

剑首有11圈同心圆，线条间隔只有1～2毫米，工艺令人惊叹。

据说，深埋地下2000多年的越王勾践剑，出土时仍然锋利无比。可见，越王勾践剑的铸造工艺毫不逊色于现代技术，其被称为"天下第一剑"。

剑格正面嵌有蓝色琉璃，背面镶嵌绿松石。

卧薪尝胆

春秋时期，多国混战。吴王派兵攻打越国，越国惨败。越王勾践与妻子成了吴国的人质，被迫侍奉吴王夫差。夫差认为勾践是真心归顺他，于是放勾践回国。回到越国后，勾践每天睡草堆，尝苦胆，激励自己复仇。

勾践用计谋破坏夫差与大臣的关系，还将美女西施献给吴王，让她趁机祸乱吴国。勾践谋划了20多年，终于灭掉吴国，成了春秋时期的最后一位霸主。

越王勾践剑现存于湖北省博物馆，在它不远处展示的就是吴王夫差矛。虽然那个时代的风云变幻早已沉寂，但这两件王者之刃却仍在安静地讲述着历史。

矛身上有与越王勾践剑相似的菱形花纹。

基部刻有"吴王夫差自乍（作）用鈼（zuó）"。

国宝档案

姓　名：吴王夫差矛
年　龄：2400 多岁（春秋）
发现地：湖北省江陵县马山五号墓
现居地：湖北省博物馆

"不幸"的矛

吴王夫差矛所处的墓室密封条件不太好，又没有剑鞘保护，所以吴王夫差矛的腐蚀程度远超越王勾践剑。

消失的宝剑

我国古代兵器种类繁多，刀枪剑戟、斧钺钩叉，不胜枚举。春秋战国时期，各国诸侯为保护自己，倾尽全力铸造宝剑。传说有一个叫欧冶子的铸剑大师铸了五把绝世宝剑，名为湛卢、纯钧、胜邪、鱼肠、巨阙（què）。可惜这些宝剑至今未被发现，它们是否真的存在过呢？

越王剑为什么在楚国墓里

越王勾践剑是在江陵楚墓中被发现的，为什么越王剑会在楚国墓中呢？专家们给出了以下两种推测。

推测一

勾践的女儿将剑作为嫁妆带到了楚国。

推测二

楚国打败越国后将这柄王者之剑当作战利品收藏起来。

总算铸好了！

这把剑会成功吗？

杜虎符 | 双虎合并，风起云涌

姓　名：杜虎符

年　龄：2000多岁（战国）

发现地：陕西省西安市南郊北沈家桥村

现居地：陕西历史博物馆

我身上有错金铭文，一共有40个字呢！

高4.4厘米，长9.5厘米。

用铜打造。

传虎符，出兵！

为了方便携带和隐藏，虎符全长不足10厘米，十分小巧。

快跑呀，将军等着虎符呢！

虎符是古代调兵遣将用的凭证，现存于世的秦代虎符只有三枚，陕西历史博物馆中的就是其中一枚。

虎符为何姓"杜"

杜虎符身上的错金铭文写着"右在君，左在杜"。秦国只有秦惠文王称过君，所以虎符上的"右"字指的是秦惠文王，而"杜"则代表杜地的军事长官。

虎符怎么还没到！

虎符怎么用

右半符在国君手中，左半符在屯驻军队的将领手中。调兵时，由使者持右半符前往前线，与左半符核验后，才能征调50人以上的兵力。国君为了把兵权牢牢掌握在自己手中，要求士兵只认虎符，不认将领。

虎符符合，出兵！

虎符能仿造吗

虎符如此重要，如何防止出现假虎符呢？

左半符和右半符就像钥匙和锁，虎"肚子"里的机关和虎身上的文字必须严丝合缝，很难仿制。

虎符制成后，模具会被立刻销毁，再难做出一模一样的虎符。

记下虎符的图案是士兵的必修课。

窃符救赵

战国时期，秦国攻打赵国，赵国向魏国求救，但魏王害怕秦国，听不进去"唇亡齿寒"的道理，不肯出兵。于是，魏国的信陵君只好设法偷来了魏国的虎符，用虎符调兵救了赵国，也保全了魏国。

来不及传递虎符怎么办

如果战事紧急，来不及等到使者把右半符送到前线，则可以通过点燃烽火传递军情。

身份的象征

战国时期，人们认为老虎骁勇善战，所以将兵符做成了虎的形象。唐初，虎符被鱼符所代替。鱼符可以用于调兵遣将，也是亲王、官员身份的象征。武则天时期又换成了龟符，还按照官品高低分成金龟、银龟、铜龟。

救救我吧！

魏

赵

虎符

龟符

鱼符

曾侯乙编钟 | 2.5吨重的最强乐器

2.5吨大约是40个成年人体重的总和，这么重的器物居然是一件乐器！1978年在湖北省随州市曾侯乙墓就出土了一组总重约2.5吨的乐器——曾侯乙编钟。

由于我的体积过于庞大，通常需要好几位乐师一起配合演奏。

最小的甬钟通高37.3厘米，重2.4千克。

曾侯乙编钟由65个部件组成。最大的甬钟通高153.4厘米，重200多千克。

2400年前的"钢琴"

这件来自2400多年前的乐器的演奏原理和钢琴非常相似，整个编钟音域可跨五个半八度，具备十二个半音。做出这件乐器需要具备极高的乐理知识和铸造技巧。曾侯乙编钟的出土改写了世界音乐史。

一钟双音

每个钟对应两个音，锤击中间和两侧时的声音不同。要想让每个钟都发出准确的两个音，需要对钟的形状、薄厚、密度进行精细的调整，铸造难度极高。

震惊世界的曾侯乙墓

除了这件改写世界音乐史的超级国宝，曾侯乙墓中还出土了很多让世人震惊的文物。

我改写了天文史！

改写天文史

这个其貌不扬的小木箱名为"二十八宿图衣箱"，盖子上写有二十八宿名称，并绘有青龙、白虎等天文图像，由此可以证明中国是世界上最早创立二十八星宿体系的国家之一。

终于完成了！

你是我的祖先吗？

"外星人"造的"泡面"

曾有人在看到这件文物时，惊叹这是外星人造的泡面。它就是大名鼎鼎的曾侯乙尊盘。其制作工艺极为复杂，成功率很低。据专家推测，在2400多年前，为了铸造出这样的绝世珍宝，有可能需要经历千百次的失败，历时数十年才能制成。

冰冰凉，好舒爽！

最早的"冰箱"

青铜冰鉴常被称为"古代冰箱"。它是用来存酒的器皿，有内、外两层，外缸与内缸之间的夹层可以放冰块，制作"冰酒"。

冰　酒

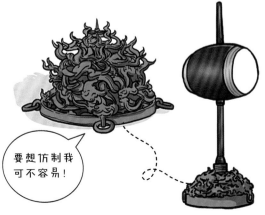

要想仿制我可不容易！

难以复制的精品

建鼓是古代的一种乐器，由鼓、鼓柱、鼓座组成。曾侯乙墓中发现了一个令人称奇的建鼓铜座。它由八对大龙和数十条小龙穿插缠绕而成。通过现代技术手段，人们已经成功复制出了曾侯乙编钟，并可以演奏乐曲。但这小小的鼓座却始终难以完美复制出来，这不禁让人感叹古人的智慧。

商鞅方升 ┃ 一升量天下，标准定统一

容积为 202.15 立方厘米。

我是用来测量粮食多少的器具。

姓　名： 商鞅方升
年　龄： 2300 多岁（战国）
现居地： 上海博物馆

战国时期，七个最有实力的诸侯国齐、楚、燕、韩、赵、魏、秦并称"战国七雄"。最初，秦国并不是最强大的诸侯国。后来，商鞅在秦王的支持下进行了一系列改革，这些措施帮助秦国走向强大。

器侧铭文记载方升诞生于公元前 344 年，由大良造商鞅制作。

方升底部刻有秦始皇的诏书，大意是令方升成为全国的标准。

标准诞生

当时各地的计量方式各不相同，同样的一升米，各地却多少不一，无法公平地征税纳粮。于是商鞅设计出了"商鞅方升"。从此，容积有了统一的标准，保证了征收税赋的准确和公平。

他的一升和我的一升怎么不一样多？

用统一的方升称量才公平！

统一度量衡

统一的方升代表了统一的法度，小小的方升里藏着秦国强大的秘密，是名副其实的强国重器。除了统一量器，秦国还统一了长度单位、文字、货币等。

车轨

容积　　长度　　重量　　文字　　货币

统一的法律——睡虎地秦简

1975年，湖北省云梦县睡虎地出土了1100多枚竹简，竹简的主要内容是秦国的法律制度、行政文书、医学著作等。

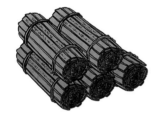

从睡虎地秦简中可以看到秦国依法治国的决心，以及一些传承至今的道德理念。

竹简由竹子制成，虽然串连竹片的绳子已经腐坏，但是竹简和竹简上的文字可以保存下来。

❶要求商品必须明码标价。

❷必须见义勇为，否则罚款。

❸审问犯人不能严刑拷打，要以德服人。

❹保护自然环境，春二月（农历）不能抓捕野兽，不准砍树。

秦始皇帝陵
沉睡的地下军团

秦始皇帝陵是中国历史上第一个皇帝秦始皇嬴政的陵寝。皇陵设计完善，修建工程规模庞大，征调劳力达 70 余万人，前后修建历时 30 余年。

秦始皇兵马俑博物馆

1974年兵马俑重新现世，遗址中出土了大量真人大小的陶俑以及战车、兵器、陶马等，成为中国乃至世界的宝贵文化遗产。如今，秦始皇兵马俑陪葬坑遗址上建成了秦始皇兵马俑博物馆，供人们参观。

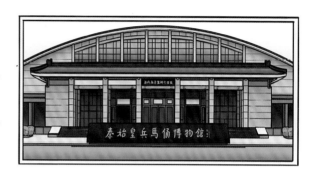

目前已发现一、二、三号共三处兵马俑坑，占地面积达 2 万余平方米，内有陶俑、陶马近 8000 件。

漫漫修复路

据史料记载，项羽攻入咸阳时，进行过大规模的破坏。这可能导致兵马俑损毁严重。考古专家们用了许多年才将它们修复成现在的样子。

少了一条腿，我还能坐车上战场！

我的左手也能使剑！

如何修复兵马俑

❶ 给碎片分类。

❷ 用内窥镜观察兵马俑的内外表面。

❸ 丈量兵马俑的尺寸，将待修复的兵马俑与碎片配对。

❺ 整理，拼合。

❹ 通过三维扫描，打印出缺失部分。

千俑千面

陶俑群塑造了各种各样的秦代将士形象，人物形体高大魁梧，平均身高约1.75米，指挥官身高在1.95米以上，很多将士手中还握着青铜兵器。

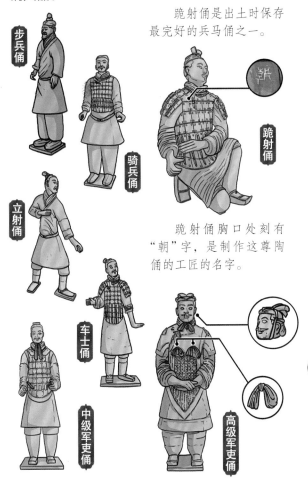

步兵俑

骑兵俑

立射俑

跪射俑是出土时保存最完好的兵马俑之一。

跪射俑

跪射俑胸口处刻有"朝"字，是制作这尊陶俑的工匠的名字。

车士俑

中级军吏俑

高级军吏俑

兵马俑原本是彩色的，由于地下环境及出土时环境的变化等因素，导致兵马俑身上的色彩消失，变成灰白色。

我曾经也是有颜色的！

豪华的铜车马

秦始皇兵马俑陪葬坑遗址中发掘出两乘大型铜车马，按出土时的前后顺序编为一号车和二号车。它们是按秦始皇御车二分之一的比例缩小制成的，两乘铜车马上的金银饰品重达14千克，极为奢华。

一号车称为"立车"，负责为秦始皇的车队开道。

一号车上配有可以随时取下的铜伞，在秦始皇下车走动的时候，仍然可以为他遮风挡雨。

碎成这样怎么拼呀？

一号车出土时碎成了几千片，专家们用了很多年才将它修复好。

二号车称为"安车"，在车厢里可以坐着、躺着。

T形帛画 | 千年不腐的瑰丽

国宝档案

姓 名：T形帛画
年 龄：2000多岁（汉代）
发现地：湖南省长沙市马王堆汉墓
现居地：湖南省博物馆

1972年，在湖南省长沙市一个名为马王堆的地方，考古学家发掘出了震惊世界的大型汉墓。这座汉墓保存极为完整，陆续出土了几千件文物。其中一幅历经2000多年仍然鲜艳如新的精美帛画，轰动了世界。

帛画分为天界、人间、地下三个部分。

天界部分展现了各种天象和神仙。

长205厘米，最宽处92厘米。

人间部分以玉璧为界划分成了上、下两层。上层表现墓主人升天，下层表现对墓主人的祭祀。

地下的巨人用手托举着象征大地的白色平台，脚踏鲸鲵，胯下有蛇。

这幅帛画是中国古代用于随葬的旌幡性质绘画。

珍贵的地下宝库

马王堆汉墓出土文物包括丝织品、帛书、漆器、陶器、竹简、印章、农畜产品、中草药等，可谓应有尽有。

二号墓葬的主人是轪（dài）侯利苍。

据推测，三号墓葬的主人可能是利苍之子。

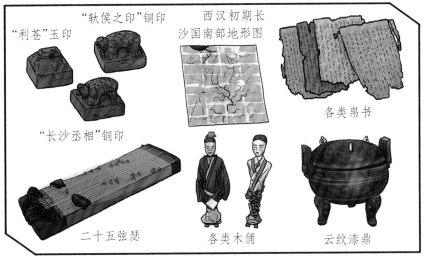

"利苍"玉印　"轪侯之印"铜印　西汉初期长沙国南部地形图　各类帛书

"长沙丞相"铜印　二十五弦瑟　各类木俑　云纹漆鼎

一号墓葬的主人是利苍的妻子辛追（现有学者考据为"避夫人"），也就是T形帛画的主人。

千年不腐的女尸

辛追出土时全身皮肤润泽，有些关节甚至可以活动，2000多年前的尸体看起来却像是刚刚死去不久，这是防腐学上的奇迹，也是世界考古学上的奇迹。

我是覆盖在内棺盖板上的画，不是衣服！

爱美的富太太

辛追所在的一号墓中不仅有T形帛画，还有大量保存完好的丝织品，其中一件素纱禅（dān）衣，衣长160厘米，重量仅为48克。

素纱禅衣

双层九子漆奁（lián）

放置化妆品、粉扑、梳子等物品的梳妆奁。

长信宫灯 | 来自汉代的一束光

高 48 厘米，重 15.85 千克。

我的汉代宫女造型好看吗？

国宝档案

姓　名：长信宫灯
年　龄：2100 多岁（汉代）
发现地：河北省保定市满城区陵山
　　　　中山靖王刘胜妻窦绾墓
现居地：河北博物院

将金和水银混合涂在铜器表面，加热使水银蒸发，金就会附着在铜表面，这种技术被称为"鎏（liú）金"。长信宫灯就是通体鎏金的铜灯。

她左手执灯，右手挡风，两千一百多年来，守护着一盏灯。这盏灯就像是从西汉走来的使者，娓娓讲述着一段辉煌的历史。这就是中华第一灯长信宫灯。

灯的名字来源于底座刻有的"长信尚浴"的铭文。

2100年前的环保意识

西汉时，蜡烛是奢侈品，很少被用作日常照明使用。人们主要使用动物脂肪作为燃料，燃烧的时候容易产生烟尘。

长信宫灯的奇妙之处就在于它考虑到了室内环境的问题，并巧妙地把烟尘导引到灯体中。

像积木一样的宫灯

长信宫灯能吸烟、调节光源明暗，清洗也十分便捷，它可以像积木一样拆分成六个部分。

头部
宫女造型的核心。

袖筒
烟尘从这里进入灯体。

灯盘
盛放燃料。

灯座

挡板
挡风、调节亮度和照射方向。

灯体
吸收烟尘。

豪华的主人阵容

长信宫灯不仅造型精美，它的"身世"也精彩万分。据推断，它的几任主人都是西汉鼎鼎有名的大人物。

第一任主人：
阳信侯刘揭

西汉初期，七个诸侯国爆发叛乱，史称"七国之乱"。朝廷平定叛乱后，抄了七个诸侯王的家。在阳信侯刘揭家中抄出了这件精美的灯。

第二任主人：
窦太后

当时的皇帝汉景帝发现这盏灯的烟尘很少，于是送给了眼睛失明的窦太后使用。

第三任主人：
窦绾

窦太后把宫灯作为礼物，赏赐给了窦绾。

两千一百多年后，考古人员在窦绾的墓中发现了这盏传奇之灯。灯上刻有9处铭文，共65个字，专家据此推测出了灯的几任主人。

罕见的人形灯

汉代很多造型精美的铜灯，大多以动物为原型，像长信宫灯这种以人为原型的灯十分罕见。

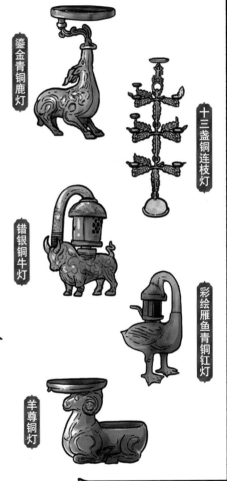

鎏金青铜鹿灯

十三盏铜连枝灯

错银铜牛灯

彩绘雁鱼青铜釭灯

羊尊铜灯

竹林七贤与荣启期砖画

身在乱世,心在桃园

竹林七贤与荣启期砖画是大型模印砖画,也是目前发现的年代最早的竹林七贤人物群像。砖画展现了魏晋时期竹林七贤和春秋时期传说中的隐士荣启期。

其实我是由几百块砖拼成的带画的砖墙。

高 78 厘米, 一组长 242.5 厘米, 另一组长 241.5 厘米。

砖画出土于东晋晚期贵族墓,分置于墓室两壁。

知足常乐!

你在笑什么?

荣启期

孔子

荣启期是谁

相传,荣启期是春秋时期的著名隐士,所处年代比竹林七贤早了几百年,为什么砖画中要将荣启期与竹林七贤放在一起呢?专家推测有两个原因:一是荣启期的思想与竹林七贤有相通之处;二是墓室壁画分为左右两幅,每幅都要有四个人才能保持对称。

竹林七贤是谁

竹林七贤指的是魏晋时期的七位名士：嵇（jī）康、阮籍、山涛、向秀、刘伶、阮咸、王戎。魏晋时期时局动荡，这七人时常隐居山林，追求自由。因为七人曾在竹林里肆意畅游，所以后人称他们为"竹林七贤"。

嵇康为人耿直，屡次拒绝为官，最终被人陷害而死。据说行刑当日，他还在刑场弹奏了一曲《广陵散》。

阮籍为人谨慎，为了拒绝司马昭的提亲，竟然用连醉60天来躲避。他的五言诗文学成就很高。

山涛是七贤中年龄最大的，与阮籍、嵇康关系非常好，惹得妻子都有些妒忌。

向秀酷爱庄子学说，还对《庄子》进行了注解。作品《思旧赋》广为流传。

刘伶离不开酒，醉生梦死，谁也劝不动他戒酒。

阮咸精通音律，甚至自己改造琵琶，这种琴后来被称为"阮咸"，简称"阮"。

王戎为人有些吝啬，卖自己种的李子时，为了防止别人得到种子，还要去了果核再卖。

砖画的制作方法

❶ 首先在纸上绘制线稿。

❷ 将画分段刻在木头模具上。

❸ 将模具上的图案印在一块块砖坯上，并编号。

❹ 入窑烧制成砖。

❺ 根据编号组成砖画。

葡萄花鸟纹银香囊

|大唐盛世的模样

最细的地方不足1毫米，可谓鬼斧神工。

链长7.5厘米，有链钩，方便随身携带。

国宝档案

姓　名：葡萄花鸟纹银香囊
年　龄：1200多岁（唐代）
发现地：陕西省西安市何家村
现居地：陕西历史博物馆

　　文物之所以珍贵，是因为它能够让后人通过器物认识到一个时代的风貌。这件小小的葡萄花鸟纹银香囊正是大唐盛世的缩影和见证。

我比现代香水瓶美多了吧？

中原　西域

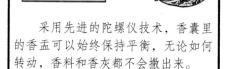

　　采用先进的陀螺仪技术，香囊里的香盂可以始终保持平衡，无论如何转动，香料和香灰都不会撒出来。

香囊上为什么有葡萄花纹

　　西汉张骞出使西域，打通了中原地区与西域的贸易通道。葡萄、石榴、胡萝卜、核桃等由此传入中原，中原地区的玉器、瓷器、漆器等也陆续传入西域。随着物品的贸易互换，文化和技术也相互交融。葡萄花鸟纹银香囊上的葡萄花纹证明人们很喜爱来自西域的葡萄。

骆驼是丝绸之路上的重要交通工具。

小香囊有大智慧

这种球形的香囊除了可以佩戴在身上制造香味之外，还有很多功能。

点燃小球里的熏香会产生热量，可以用来暖手。

人们认为将佛经放在香囊之中，随身携带，能起到消灾辟邪的作用。

可以挂在床帐的四角，当作室内熏香。

古丝路文明的缩影

在各种出土文物中，能看到丝绸之路开通后，中西文化交融的影子。

鎏金银壶

出土于北周柱国大将军李贤夫妇合葬墓，是一件来自波斯王朝的酒具。

鎏金石榴花纹银盒

石榴自波斯传入中原地区，人们喜欢用石榴花纹装饰器物。

三彩釉陶骆驼载乐俑

乐师正在骆驼上演奏乐曲。

贵族专属

香囊一般用金、银等金属制作，有时也用玉石或丝绸制作。由于这些材料在当时都很昂贵，所以香囊通常是皇族、贵族才能使用的物品。

鎏金双蛾团花纹银香囊

金累丝镶珠石香囊

白玉镂雕双鱼式香囊

贵妃同款

据史料记载，安史之乱爆发后，唐玄宗等逃离长安。途经马嵬（wéi）坡时，杨贵妃被赐死。后来唐玄宗派人到马嵬坡为杨贵妃改葬。据说挖开旧冢时，发现杨贵妃的尸体已经腐烂，唯有随身佩戴的香囊完好无损。这说明杨贵妃身上佩戴的香囊是用金属制作的，很可能与葡萄花鸟纹银香囊相似。

清明上河图 | 忙忙碌碌的汴京城

国宝档案

姓　名：清明上河图
年　龄：900 多岁（宋代）
现居地：故宫博物院

《清明上河图》是中国传世名画之一，记录了北宋都城汴京（今河南省开封市）繁荣的城市面貌。

由北宋画家张择端绘制。

画在绢上，有淡淡的颜色。

身长 528 厘米，身高 24.8 厘米。

这幅画根据内容大致可以分为三段。

俯瞰繁华

《清明上河图》可以说是一幅巨画！据统计，画中出现了 500 多个人物、几十头牲畜，还有各种各样的房屋和店铺。整幅画就像航拍照片一样，生动再现了汴京的繁华景象。

辗转千年的奇迹

公元 1127 年，北宋灭亡，《清明上河图》开始了近千年的漂泊。通过画背的题诗与印章记载可知，这幅画在漫长的岁月中多次更换主人！真迹能够保存至今，真是个奇迹。

名画里看北宋

商铺、行人、服饰、交通工具，画中的每个细节都生动再现了北宋人的生活面貌，一幅画早已胜过千言万语。

孙羊正店

宋代酿酒业空前繁荣，"正店""脚店"都是繁华的店铺。

赵太丞家

"赵太丞家"相当于今称"赵大夫诊所"。

刘家上色沉檀拣香

宋代香料主要以进口为主，进口香料走的正是汴河水路。

形形色色画中人

僧人　　高官

美容师　　搬运工　　小商贩

交通和运输工具

汴河是北宋时期重要的航运通道，客运、货运繁忙，促使汴河沿岸城市成了繁荣的"商业中心"。

太平车

由多头驴或骡拉载的重货车。

宅眷车

富贵人家的女眷、老人、小孩乘坐的车，一般由几头牛拉车。

骆驼

大船

轿子

孝端皇后凤冠 | 母仪天下，从"头"开始

这是一顶奢华至极的凤冠，使用非常珍贵的材料和极其复杂的工艺制作而成。它的主人是明代的一位传奇皇后。

国宝档案

姓　名：孝端皇后凤冠

年　龄：400多岁（明代）

发现地：北京明定陵地宫

现居地：中国国家博物馆

通高48.5厘米，冠高27厘米，直径23.7厘米。

正面有九条口衔珠滴的金龙。

我的体重是2320克，与两本《现代汉语词典》差不多重！

凤冠是皇后的礼帽。在接受册封、参加祭祀和朝会时都要戴凤冠。

凤冠上装饰了100多颗红宝石和5000多颗珍珠。

金龙下面是八只点翠金凤。

凤冠背面也有一只金凤，共九龙九凤。

凤冠的主人

这顶凤冠属于万历皇帝明神宗的皇后王氏。万历皇帝是明代在位时间最长的皇帝，后人称王氏为"孝端皇后"。

你怎么先朕而去！

陛下不要太过悲伤，保重龙体呀！

复杂的制作工艺

这件富丽堂皇的凤冠不仅使用了大量珠宝，还使用了花丝、点翠、镶嵌、穿系等复杂工艺。

点翠

凤冠上大面积的蓝色是用翠鸟的羽毛加工而成的，这种工艺被称为"点翠"。翠鸟十分珍贵，只有凤冠才能这样大面积地使用点翠工艺。

点翠工艺流传至今，但为了保护翠鸟，人们已经改用其他材料替代翠鸟羽毛来制作精美的点翠饰品。

花丝

把金子做成很细的丝，用堆、叠、编、织等方法做出龙凤等造型。

博物馆里的传世珠宝

玉组佩

这件西周时期的玉组佩展开长达2米，由玉璜、玉珩（héng）、玉管、料珠、玛瑙管等组成，共有204件，是葬玉。

它为何这样长？

鹰顶金冠饰

它被称为"草原瑰宝"，代表了战国时期我国北方游牧民族贵金属加工工艺的最高水平。

苍茫的草原是我的爱。

我的主人还是个孩子哟。

嵌珍珠宝石金项链

出土于陕西省西安市李静训墓。这条充满异域风情的项链属于一个年仅9岁的隋代女孩，她是隋文帝杨坚与独孤皇后的曾外孙女。

我要用这条项链换你的丝绸！

金项饰

它是从南宋时期的沉船中打捞出的珍贵文物，是南海海上丝绸之路的重要物证。全长1.72米，由四股八条纯金金线编织而成。

碧玉交龙纽"八徵耄念之宝"玉玺

方寸证古今

"玺"最初是印章的意思。后来，秦始皇规定只有皇帝的印章才能称为"玺"，从此，玺成了皇权的象征。

这方玉玺刻于乾隆皇帝八十岁寿辰之时。

与碧玉交龙纽"八徵耄念之宝"玉玺配套的还有一方副宝和一方引首宝。

"自强不息"印文

副宝

引首宝

"向用五福"印文

"八徵耄念之宝"印文

"八徵耄念"的意思是乾隆皇帝认为自己虽然老了，但只要还在皇位，就要时刻挂念百姓。

天子六玺

据史书记载，皇帝有六方玉玺，分别是：皇帝行玺、皇帝之玺、皇帝信玺、天子行玺、天子之玺、天子信玺，另外还有一方传国玺，是代表皇权正统的玉玺。皇帝处理不同的政务要使用不同的玉玺。

该选哪一枚呢？

这种制度延续多年，到唐代时，"玺"和"死"谐音，于是武则天将"玺"改称"宝"，后来"玺"和"宝"并用。

印章爱好者

到了清代，乾隆皇帝非常喜欢印章，属于他的各类印章有1000多方，现在大部分保存在故宫博物院。乾隆皇帝的印章大致可分为三种。

❶ 用于处理政务的玉玺。

❷ 为重要建筑物而刻制的殿宝。

❸ 乾隆皇帝个人使用的闲章。

盖章狂人

乾隆皇帝非常喜欢在看过的书画上盖章、做批注。很多他看过的书画上都留下了"八徵耄念之宝"的红印。

赵孟𫖯《人骑图》卷

下一个章盖在哪儿呢？

为何在我的画上盖这么多章！

赵孟𫖯（fǔ）
元代书法家、画家。

田黄石乾隆帝三联印

由一块很大的田黄石雕刻而成，三方印链连在一起。这套三联印不仅深受乾隆皇帝青睐，而且为之后的皇帝所珍视。清末代宣统皇帝溥仪被逐出宫时还随身携带着这套印。

知道了！知道了！

陛下，该走了！

"乾隆宸翰"为阳文篆刻。

"乐天"亦为阳文篆刻，左右用螭纹装饰。

"惟精惟一"为阴文篆刻。

各种釉彩大瓶 | 登峰造极的"万瓷之母"

国宝档案

姓　名：各种釉彩大瓶
年　龄：200多岁（清代）
现居地：故宫博物院

瓶身上下共有十七种釉彩。

瓶高86.4厘米。

六幅为写实图画，分别为"三阳开泰""吉庆有余""丹凤朝阳""太平有象""仙山琼阁""博古九鼎"。

我身上共有十二幅主题纹饰，它们整齐地环绕在我的"腹部"。

三阳开泰

吉庆有余

丹凤朝阳

"卍"字　　蝙蝠　　如意

另外六幅为"卍"字、蝙蝠、如意、蟠螭、灵芝、花卉，分别寓意"万""福""如意""辟邪""长寿""富贵"。

太平有象

仙山琼阁

博古九鼎

蟠螭　　灵芝　　花卉

乾隆皇帝非常喜欢瓷器，乾隆年间有大量专为皇家烧制瓷器的御窑，瓷器的制作水平达到了前所未有的高度。被称为"瓷母"的各种釉彩大瓶就是乾隆年间瓷器制作工艺的代表。

釉彩是什么

"釉"是覆盖在瓷器表面的无色或有色的玻璃质薄层，釉涂在瓷器上，会有镜面般的效果；"彩"指颜色。不同的釉彩需要用不同的温度烧制，大体可以分为高温釉和低温釉。

先画图案后上釉的工艺称为"釉下彩"；先上釉，烧制后再画图案的工艺称为"釉上彩"。

这是新到的泥。

您觉得哪个好？

大家注意观察火的颜色！

绝世孤品

各种釉彩大瓶上的十七种釉彩，集合了历朝历代最具代表性的釉彩种类。每一种釉彩的烧制温度都不同，想要让这些"性格各异"的釉彩集合在一起十分困难。任何一个釉层的任何一个步骤出现问题，整个瓶子都会被毁掉。

假设每个釉层烧制成功的概率是70%，那么十七种釉彩同时成功的概率大约只有0.23%，也就是说，烧制1000个大瓶，才能成功两个。

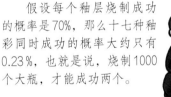

这么复杂的工艺要烧制1000次才能成功吧？

乾隆皇帝是雍正皇帝的儿子，但父子二人的审美完全不同。雍正皇帝喜欢的瓷器大都庄重典雅。而乾隆皇帝则更欣赏色彩丰富、工艺复杂的瓷器。

雍正

淡黄釉瓶

霁红釉胆式瓶

粉青釉凸花如意耳蒜头瓶

天蓝釉双龙耳瓶

乾隆

珐琅彩缠枝莲纹双连瓶

绿地粉彩开光菊石纹茶壶

绿地粉彩花卉纹包袱尊

乾隆款搅玻璃撇口瓶

去哪儿看国宝

中国是拥有五千年历史的文明古国，存世文物和博物馆数量均居于世界前列。你知道这些博物馆都有哪些镇馆之宝吗？

故宫博物院

原是明清两代的皇宫，文物主要来源于清代宫廷中的旧藏，有各种釉彩大瓶、金瓯永固杯、《人骑图》等国宝。

湖北省博物馆

藏有百万年前的郧县人头骨化石、云梦睡虎地出土的秦简、江陵县望山一号楚墓出土的越王勾践剑，随州曾侯乙墓出土的曾侯乙编钟等，样样都是蜚声海内外的精品文物。

别打了，你俩别打了！

陕西历史博物馆

中国大型国家级历史博物馆，现有藏品170余万件，拥有杜虎符、镶金兽首玛瑙杯等国宝，被誉为"古都明珠""华夏宝库"。

中国国家博物馆

位于北京，拥有藏品140余万件，其中包含很多重要的文物，例如"后母戊"青铜方鼎、旧石器时代的石器、四羊青铜方尊等。

河南博物院

位于河南省郑州市，贾湖骨笛、"妇好"青铜鸮尊、云纹铜禁、武曌（武则天）金简等大名鼎鼎的国宝都汇集于此。

幼儿小百科

了不起的
发明

李凯 孙向荣◎编著　朱相东◎绘

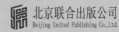
北京联合出版公司
Beijing United Publishing Co.,Ltd.

图书在版编目（CIP）数据

了不起的发明 / 李凯，孙向荣编著；朱相东绘. --

北京：北京联合出版公司，2022.6

（幼儿小百科）

ISBN 978-7-5596-6146-3

Ⅰ.①了… Ⅱ.①李… ②孙… ③朱… Ⅲ.①创造发

明 - 儿童读物 Ⅳ.①N19-49

中国版本图书馆CIP数据核字(2022)第059626号

幼儿小百科
了不起的发明

出 品 人：赵红仕

项目策划：冷寒风

作　　者：李　凯　孙向荣

绘　　者：朱相东

责任编辑：龚　将　李艳芬　牛炜征　李　伟

项目统筹：鹿　瑶

特约编辑：鹿　瑶

美术统筹：段　瑶

封面设计：段　瑶

北京联合出版公司出版

（北京市西城区德外大街83号楼9层　100088）

艺堂印刷（天津）有限公司印刷　新华书店经销

字数10千字　720×787毫米　1/12　3印张

2022年6月第1版　2022年6月第1次印刷

ISBN 978-7-5596-6146-3

定价：155.00元（共6册）

目录

一笔一画，写出我们的历史

> 汉字是中华民族的伟大发明，也是中华文明的象征。汉字和书写汉字的工具经过了数千年的演进才呈现出我们现在看到的样子。

谁发明了汉字

很久以前，我们的祖先没有文字，记录事情只能靠打绳结，非常不方便。传说，长有四只眼睛的仓颉（jié）发明了汉字。事实上，汉字是由很多人，经过很长时间不断完善，逐渐创造出来的。

在纸发明出来之前，祖先将文字刻在各种器物上。所以我们才能有幸在文物上看到它们。

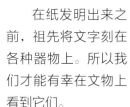

陶文

祖先学会用泥土制作陶器后，把文字刻在陶器上，称为"陶文"。

甲骨文

刻在龟甲或兽骨上的文字，称为"甲骨文"。

金文

铸刻在钟、鼎等青铜器上的文字称为"金文"或"钟鼎文"。

蒙恬造笔的传说

据说，秦代大将蒙恬要汇报紧急军情，情急之下，扯下了武器上的一撮红缨，蘸着墨汁写字，他发现这样写字很快。后来，他以兔毛和竹管为原料，改良制作出了秦笔。目前发现的最早的毛笔实物是战国时期的。

墨的诞生

墨的历史十分悠久，新石器时代的陶罐上已经有天然墨的痕迹。春秋末期的竹简上出现了用墨书写的文字。北魏农学家贾思勰（xié）所著的《齐民要术》上还记载了当时制墨的配方和方法。

传统的制墨方法

1 筛去制墨原料中的杂物，使其成为均匀的粉末。

比例很重要，一定不能错！

2 将烟灰、胶、麝香等材料按比例搅拌。

要捣几万次，好累啊！

3 将调配好的材料放入缸中捣，制成墨泥。

4 将墨泥压入模具中，晾干。

把字写在哪里呢

有了墨和毛笔，写字变得更加轻松。不过，在纸发明出来之前，人们只能把字写在木片、竹片或丝帛上。

胳膊好酸啊！

读万卷书，行万里路。

版牍（dú）
指比较宽的木片或竹片，一片版牍上可以写好几行字。

简
最多只能写两行字的窄竹片或木片，通常需要将很多条简串连成册。

丝帛（bó）
柔软的丝织物，幅面宽广，宜于画图，价格昂贵。

来之不易的一张纸

造纸术是中国四大发明之一，在纸发明出来之前，世界各地用来写字的材料都有或笨重、或昂贵等缺点，中国发明的造纸术解决了这个世界性难题。

绳子又断了

春秋时期，竹简是主要的书籍形式。但是竹简的缺点是不结实，相传孔子读《周易》时，因为读的次数太多了，编竹简的绳子断了好几次。后来，人们用"韦编三绝"来形容读书勤奋。

制作竹简的方法

一定要细致！

1 制作竹简的材料通常就地取材，南方多用竹子（西北也有用木片的，称为木简），需要先把竹子截成竹简。

3 把竹片放在火上烘烤。这样做可以有效防止竹简生虫。

2 将竹简加工成竹片，再把需要写字的一面打磨光滑。

麻绳比较结实。

4 用绳子把竹片编在一起，制成竹简，然后就可以在上面写字了。偶尔也有先写字，后编制竹简的情况。

《史记》大约有52万字，一辆车也许只能装下一套《史记》！

学富五车

这个成语出自《庄子·天下》："惠施多方，其书五车。"用来形容一个人知识渊博。

读书也是体力活儿

《史记》中记载，秦始皇要求自己每天要看一石重的公文，看不完不能休息。秦代一石的重量大约是30千克，如此说来，秦始皇每天看公文真是件耗费体力的事情。

开启造纸之路

竹简笨重、丝帛昂贵。人们一直尝试制作出更好的替代品。东汉时期，一个叫蔡伦的人总结前人的经验，终于造出了物美价廉的纸张。

桑蚕丝做成纸，成本太高了！

我一定要发明出物美价廉的纸！

这"纸"太粗糙！没法写字！

神奇的蔡伦造纸术

　　蔡伦改进了造纸工艺，以树皮、麻头、破布、旧渔网等为原料，造出了大家都能用得起且方便书写的纸。经他改良的"造纸术"被列为中国古代四大发明之一。

生活离不开纸

随着科技的进步，造纸工艺也越来越完善，人们发明出各种各样的纸张。如不易褪色的宣纸、加入花瓣做成的浣花笺（jiān）、用黄檗（bò）汁染成的潢纸、细密如蚕丝的澄心堂纸等。

自从有了纸，百姓的生活就再也离不开它了。除了用来写字和画画，人们还用纸来剪窗花，制作纸鸢（yuān）、灯笼、银票、油纸伞，包装食品等。

中国造纸术走向世界

据史料记载，中国造纸术先是传到了朝鲜半岛、日本，然后传到西亚、北非、欧洲和美洲。到19世纪中叶，欧洲人又把造纸术传向大洋洲。造纸术走向全世界的过程用了1000多年，对世界产生了深远的影响。

造纸术发明前，古欧洲人曾用羊皮当作记事材料，制作一本书要用很多张羊皮！

告别抄书时代

印刷术是中国四大发明之一，包括雕版印刷术和活字印刷术。印刷术的发明让书籍不再是奢侈品，加速了文化的传播。

抄书人

在印刷术出现之前，人们看的书都是由抄书人抄写出来的。人工抄写很容易出错，有时抄书人还会随意篡改原文，想要得到原始版本难如登天。

为了解决这个问题，东汉书法家蔡邕（yōng）将《周易》《春秋》等儒家经典名著刻在四十多块大石碑上，方便人们抄写、核对。虽然有了"官方版本"，但抄写仍然是件漫长的苦差事，于是又有人想出了用拓印的方法来提速。

拓印的方法

1 将大小合适的宣纸盖在需要拓印的石碑上，把纸轻轻润湿，然后在湿纸上蒙一层软性吸水的纸保护纸面。

2 用拓包轻轻敲捶，使湿纸贴附在石碑表面，随着石碑上雕刻的文字而起伏凹凸。

3 除去蒙上的那层纸，等湿纸稍干后，用拓包蘸适量的墨或朱砂，向纸上轻轻扑打。

4 等纸干后，将其从碑上揭下来，晾干即可。

阴文印　阳文印
效果　　效果

使用印章是一种古老的印字方法。与拓印法不同，印章上的字是反着刻的，使用的时候需要用印章蘸上印泥再转印到纸上。所刻文字或图像凹陷的印章称阴文印，凸起的称阳文印。

雕版印刷术

受到印章和拓印法的启发，人们想到如果把小小的印章放大成石碑那样大，然后直接在这个超级大"印章"上刷墨，是不是可以比拓印更方便呢？于是，雕版印刷术就这样诞生啦！

雕版印刷的方法

1 浸泡
选择优质的木材，放入水中浸泡，使其不易开裂。

2 打磨
木材晾干后，用刨子刨平，将表面打磨光滑。

3 写版
将需要印刷的文字写在一张比较薄的纸上。

4 上样
在木版表面刷上糨糊，将写好的字样文字反贴在木版上，用柔软的刷子刷平。

刷了一张又一张，速度可真快！

5 刻版
用刻刀按字形把字刻出来（阳文），然后在刻好的木版上刷墨。

6 印刷
把纸覆盖在木版上，用刷子均匀擦拭，揭下来，文字就转印到纸上并成为正字了。

这套房子专门放雕版。

雕版也有缺点

很快，人们发现雕版印刷术也有缺点。首先，大量的雕版需要极大的储存空间。

又要重刻一遍！

改！

其次，只要刻错一个字就要重新雕刻整块木版。工匠制作一本书的雕版仍然需要消耗很多时间。

活字印刷术

为了解决这个问题，一个叫毕昇的工匠尝试在胶泥块上刻单字，然后把胶泥块烧制坚硬。再把这些像小印章的胶泥字块排列组合成一块印版，这就是大名鼎鼎的活字印刷术。

活字印刷的方法

1 在纸上抄写好需要印刷的字样。

字写得不错。

2 将胶泥块和写有文字的纸样处理成合适的尺寸。

3 用胶泥刻字，使字画凸出，每字单独成为一印。

8 把字块拆下来，下次再用。

因为泥活字容易碎、怕水，后来人们又陆续发明了木活字、铜活字、铅活字等。

活字印刷术真好用！

印刷术提高了印刷效率，促进了中国乃至世界的文化传播和进步。

木版水印

除了印刷文字，人们还发明了可以批量印刷彩色画作的方法——木版水印。这是一种分色套印的印刷方法，即原画中的每种颜色都要制作一块雕版，分别刷墨印刷后组成一幅彩色画。

学习制作木版水印画

1. 在半透明的纸上勾描原画，每种颜色描一张。

绿色
黄色
红色

2. 将勾描好的画稿贴在板子上，分别进行雕刻。

3. 刷墨印刷，每刷完一个颜色就换一次印版。注意纸张要与木版对齐。

完成啦！

4 将刻好的胶泥块放到窑里烧制，使其变硬。

5 凉凉后，把需要用的字块挑选出来，进行排版。

6 在铁板上均匀铺上用松脂、蜡和纸灰合制的药品，将字块按顺序放在上面。

7 用火烤铁板，让药品稍熔化，再用一平板压在字印上，使表面平整。

开始印刷啦！

刚做好的母版！

13

有了指南针，再也不怕迷路了

指南针是中国四大发明之一，它在航海、测量、军事和日常生活中广泛应用，在人类文明史上写下了浓墨重彩的一笔。

了不起的"汤勺"

先人通过磁石认识到了磁性，并利用磁性原理制作出了世界上最早的指向工具——司南。司南看起来就像一把汤勺，经过不断演进才成为我们熟知的指南针。

1 很久很久以前，一名矿工的斧头被一块奇怪的石头吸住了，人们给这种石头起名为"慈石"，后人改名为"磁石"。

2 后来，人们发现有些特定形状的磁石无论怎样转动，最终都会指向同一方向。

3 于是，人们把磁石加工成更容易转动的勺子形，用来指路。

4 经过不断改进，最早的指南针司南诞生了。

救命呀！

传说，秦始皇在修建阿房宫的时候，曾用磁石来做宫殿的大门，任何一个带有铁制武器的人经过，其兵器都会被磁石门吸住。

小司南有大问题

司南虽然能指引方向，但是却有很多缺点。这些缺点不仅严重影响了司南的生产效率，在使用过程中也常常制造麻烦。

司南坏了！我们走错方向了！

弊端一

将整块磁石雕琢成勺子形并不是件容易的事。

弊端二

司南很容易遗失或损坏。

弊端三

使用司南时必须先找到一个平面放置底盘，颠簸状态下无法使用。

弊端四

随着时间流逝，磁石的磁性会逐渐变弱。

不怕颠簸的指南车

与单纯依靠磁石的司南不同，指南车需要经过复杂的机械设计才能完成。指南车上通常立着一个小木人，车开始移动前设定好南方，以后不管车子如何移动，小木人的一只手永远指向南方。

往这边走！

古彩戏法的秘密

一些民间艺人利用磁性来变戏法。将加工好的木制小鱼放入水中，它们会"听从"表演者的话，乖乖地向南游。

揭秘时间：

表演者将磁石放在木制小鱼的肚子里，鱼嘴处放一根针与磁石相连，然后用蜡封好，放入水中，木鱼的嘴就会指向南方。

还有一种指南龟也是采用相同的原理。将加工好的木龟插在木棍上，让其旋转，静止时木龟的尾巴会指向南方。

神奇的磁化

北宋时期的兵书《武经总要》中记载了一种制作"指南鱼"的方法，描述了神奇的磁化过程。

制作指南鱼的方法

1 将碳钢锤打成薄片。

2 把碳钢薄片剪成小鱼的形状。

3 然后将碳钢小鱼加热到一定温度，让鱼尾正对当时的地磁场方向，放入水中急速冷却，使其磁化。

4 让碳钢小鱼浮在水上就可以指示方向了。

随着技术的进步，人们发现把磁铁片磨成针会让方向的指向更加精确且便于携带。北宋科学家沈括撰写的《梦溪笔谈》中记载了多种磁针的安装方法。

水浮法

把磁针横穿在灯芯草上，使它能漂浮在水面上，磁针在水面自然转动一会儿后，就能指向南方。

指甲旋定法

把磁针放在指甲盖上，让其旋转一会儿，最终停下来的方向就是南方。

碗唇旋定法

将磁针放在碗唇上，让其旋转，停下来的方向就是南方。

缕悬法

用蚕丝悬挂磁针，使其在平衡状态下自然旋转，磁针静止后指向南方。

是罗盘不是棋盘

为了提高磁针指示方向的准确性，还需要搭配一个方位盘组合成罗盘。明代著名航海家郑和下西洋时就曾使用罗盘指引航向。

轰！火药诞生了

火药是中国古代四大发明之一，也是人类掌握的第一种爆炸物。为什么起名为"药"呢？相传道士为了长生不老，炼制丹药，"仙丹"当然是不可能炼制出来的，不过因为炼丹炉经常爆炸，反倒发现了火药的制作方法。

艰难的取材路

在古代，火药十分珍贵，除了配方是机密，制作火药的材料也很难获取。

就是你们导致了爆炸！

据说，有个炼丹师在一次炼丹炉爆炸的事故中发现硝石、硫黄、木炭三种原料按照一定配比混合，遇火时就会发生爆炸。

获取硝石的方法

1. 可以在岩石表面、洞穴、沼泽等处采集硝石，或在老墙根等处搜集俗称"硝土"的白色粉末，对其进行加工后获取硝石。

2. 将硝土放入大盆里压实，注入水，过滤出的水就是硝水。

3. 将硝水放入锅中慢慢熬，得到的晶体就是硝石。

获取硫黄的方法

在火山或温泉附近通常可以找到硫矿，采集矿石，再经过复杂的加工后，就能得到硫黄。

获取木炭的方法

木炭的获取方法相对简单，将木材截成相近的长度，用特殊工艺进行烧制即可得到。

火药还能这样用

在人们还没有用火药制作各种杀伤性武器之前，火药也有不少用途呢！

治病

《本草纲目》记载，火药中的硝石和硫黄有一定的药用价值。

小心搬运！

阿拉伯人把火药中的硝石称为"中国雪"，买回自己的国家用作药材。

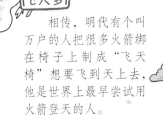

飞天梦

相传，明代有个叫万户的人把很多火箭绑在椅子上制成"飞天椅"想要飞到天上去，他是世界上最早尝试用火箭登天的人。

鞭炮烟花

直到现在，百姓仍喜欢用火药制作鞭炮和烟花，用来庆祝节日。

崭新的武器时代

　　火药的爆炸威力让军事家们欣喜若狂，经过加工研发出了各种用于打仗的火器，开启了一个崭新的兵器时代。

火龙出水

　　一种在竹筒前后端安装木制龙头和龙尾的火器。竹筒内装有多支火箭，点火后从龙头下的孔中射向敌人。

火兽

　　是一种外形似兽，朱红色，能喷火的武器。

虎蹲炮

　　一种火炮，发射时将弹丸装入炮筒，先点燃引信，后引燃炮筒内的发射药，将弹丸推出炮筒，弹丸到达目标后爆炸。

万人敌

　　一种守城用的大型燃烧式武器。

神火飞鸦

　　一种外形像乌鸦的飞弹。

火铳

　　一种金属管形射击火器，利用火药发射石弹、铅弹和铁弹，威力巨大。

三眼火铳

　　火铳中常见的多管铳，点火后可连射或齐射。

一片茶叶的辉煌史

中国是世界上最早发现和利用茶树的国家之一，世界各地的饮茶风尚都直接或间接与中国有关。

茶的演变史

唐代"茶圣"陆羽所撰写的《茶经》中记载，"茶之为饮，发乎神农氏，闻于鲁周公"，说明茶的发现与利用可能发源于上古时期，茶文化在中国延续了几千年。

入药

民间流传，神农尝百草，一日遇到七十种毒药，用茶能解毒。这大体说明在上古时期，先民发现了茶叶无毒，可以食用，可能还具有某种功效。

茶汤

人们发现将茶叶用水煮熟，加入调料，口感独特，于是逐渐不再生嚼茶叶，而是制作茶汤。

喝两碗茶汤我就饱了。

茶饼

到了唐代，茶几乎成了生活必需品。茶艺、茶道也蓬勃发展。唐代的茶通常做成饼状，称为"茶饼"。

散茶

明清时期，茶饼、茶团逐渐被条形散茶所取代，人们不再将茶碾成粉末，而是直接将散茶加入壶中沏泡饮用。这种饮茶方式一直流传至今。

茶叶百科全书

《茶经》是世界现存最早的全面介绍茶的专著。书中记载了茶的起源与功效，采茶、制茶的方法，煮茶、饮茶的工具等知识，被誉为"茶叶百科全书"。

乌龙茶的制作方法

1. 采茶。

2. 晒茶、晾茶。

6. 烘干。

3. 摇茶。

4. 炒茶。

5. 揉茶。

常见茶器

茶巾

公道杯

茶壶

茶叶罐

茶荷

茶杯

茶盘

茶夹

酒香不怕巷子深

曲蘖（niè）发酵是中国传统酿造技术的核心，这种伟大的发明让中国酒与众不同。

漫长的中国酒史

中国是最早掌握酿酒技术的国家之一。相传，上古时期，一个叫杜康的人将多余的粮食储存在树洞里，过了一段时间，粮食发酵，渗出了有特殊香气的液体，杜康由此受到启发，发明出了酿酒的方法。

棕榈酒

奶酒

葡萄酒

西方的酒

西方人酿酒主要以水果、蜂蜜、动物乳汁、含糖的植物汁液等为原材料。这些材料可以直接产生天然酵母菌，不需要添加其他物质就能发酵成酒。

中国的酒

夏商时期，我国人口主要聚集在黄河流域和长江流域，这一带不出产诸如葡萄等易于酿酒的水果。人们以农业种植为主，畜牧业规模较小，动物乳汁产量远不如谷物。所以先民选择使用谷物酿酒。

让我们试试酿酒吧！

今年真是大丰收。

中国酒的秘密武器

谷物自然发酵所生成的酒产量很小且十分不稳定，因此需要人们使用特殊办法加快谷物的发酵速度，曲蘖就是让谷物快速发酵的秘密武器。制作曲蘖并利用它发酵造酒是中国独一无二的伟大发明。

高粱酒的制作方法

1 选取优质高粱，清洗干净。

2 用水浸泡，使其保持湿润。

3 将高粱放到蒸锅中蒸熟。

4 取出，摊平降低温度。

5 将曲蘖按照一定比例加入高粱中。

6 入窖发酵。

酒酿好了！

调味品也离不开曲蘖

曲蘖不仅能制酒，还能制作醋、酱油等调味料。西方常见的调味料如番茄酱、沙拉酱、辣椒酱、芥末酱等，都不是以谷物为原料制作的。中国的醋、酱油等调味品则是以谷物发酵而成，制作时也需要添加曲蘖，只不过曲蘖品种、用法、用量与制作酒不同。

小小蚕茧竟成世界奢侈品

中国是丝绸的发源地，种植桑树、养蚕、缫丝、制作丝绸体现了先民的智慧。华丽的丝绸搭起了中国与世界沟通的桥梁。

嫘祖制丝

相传，几千年前，黄帝的妻子嫘（léi）祖发明了养蚕制丝的方法。

制丝的方法

1 种桑树，采桑叶。

2 用桑叶养殖蚕。

3 蚕吐丝成为蚕茧。

4 收集蚕茧，剥茧。

6 抽丝，将若干根蚕丝合并成一根生丝。

5 煮茧。

7 生丝经过染色加工成为丝线。

8 可以开始纺织美丽的丝绸啦！

经线

纬线

丝线是怎样变成丝绸的

纺织的原理其实很简单，竖着的线称为"经线"，横着的线称为"纬线"。当经线和纬线交织在一起，一根根线就织成了丝绸。

了不起的丝绸之路

西汉时期，我国打通了一条通往西域的道路，将丝绸、漆器等物品传到西方很多国家。美丽的丝绸在以后的很多年里一直是交易最多的物品，这条路也因此被后人称为"丝绸之路"。如今，中国传统桑蚕丝织技艺已经成为人类非物质文化遗产。

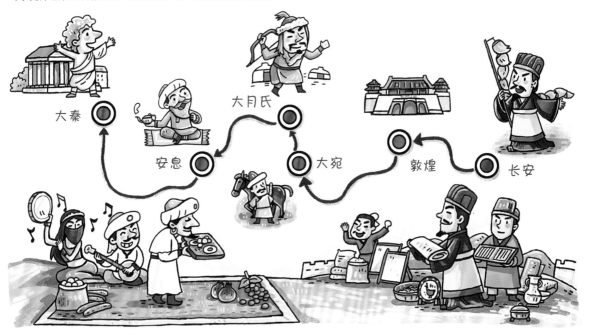

绫罗绸缎

人们把含有蚕丝的纺织品统称为"丝绸"。几千年来，丝绸品种可以细分为十几个大类。你听过"绫罗绸缎"这个词吗？它其实代表了四种不同的丝织物。

"云锦""壮锦""蜀锦""宋锦"被称为"中国四大名锦"。

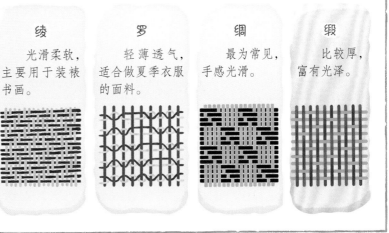

绫

光滑柔软，主要用于装裱书画。

罗

轻薄透气，适合做夏季衣服的面料。

绸

最为常见，手感光滑。

缎

比较厚，富有光泽。

那些瓶瓶罐罐，后来价值连城

瓷器是中国的伟大发明，传往西方国家后，广受喜爱，被称为"白色的黄金"。

不卖！

原来泥巴晾干能变硬啊。

原来兵马俑是陶塑！

陶瓷器和瓷器一样吗

陶瓷器是陶器和瓷器的总称，瓷器是在陶器的基础上演变而来的。早在石器时代人们就已经能制作出陶器了。

为了让陶器更漂亮，人们不断摸索和改进制作方法，最终发明出了瓷器。制作瓷器所使用的原材料和烧制方法都与制作陶器有很大不同。

瓷器原材料更讲究

制作陶器的原材料黏土非常容易获取，所以早在新石器时代先人就已经掌握了制作陶器的方法。然而制作瓷器时，通常需要以高岭土为主要原料。

陶器颜色变化少，有点枯燥。

瓷器颜色多样，任君挑选！

瓷器表面更光滑

瓷器表面有玻璃质的釉。釉是指覆盖在瓷器表面的无色或有色的玻璃质薄层。釉涂在瓷器上，会呈现类似镜面的效果，看起来非常华丽。

中华瓷王

清代乾隆年间，一个装饰有 17 层釉彩的大瓶诞生了，它就是"各种釉彩大瓶"。它标志着中国古代制瓷工艺的顶峰，享有"中华瓷王"的美称。现藏于北京故宫博物院。

"各种釉彩大瓶"上的12幅主题纹饰：

烧制难度更高

烧制瓷器时，温度通常要超过 1100 摄氏度，还需要不间断地烧制几十个小时。

给瓷器穿上花衣服

除了用釉装饰瓷器，人们还会在瓷器上绘制各种图案。先做彩绘后上釉称为"釉下彩"；先上釉烧制后再做彩绘称为"釉上彩"；当图案颜色繁多时，还可以采用釉上彩、釉下彩结合使用的方法。

釉下彩　　　釉上彩　　　釉上彩和釉下彩结合

6 画坯
用专业工具在坯上刻画图案。

5 晒坯
放在温度、湿度合适的地方晾晒。

7 施釉
将制作好的釉浆均匀地覆盖在坯体上。

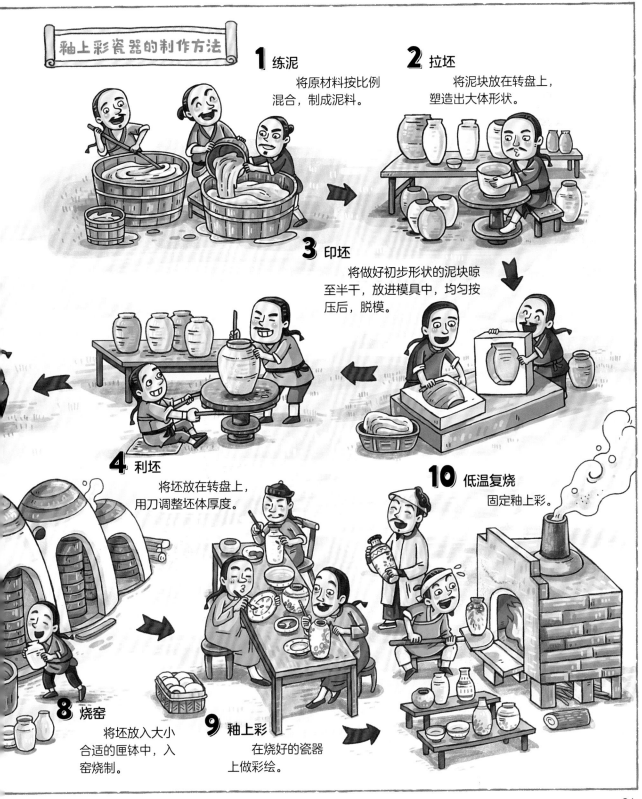

釉上彩瓷器的制作方法

1 练泥
将原材料按比例混合，制成泥料。

2 拉坯
将泥块放在转盘上，塑造出大体形状。

3 印坯
将做好初步形状的泥块晾至半干，放进模具中，均匀按压后，脱模。

4 利坯
将坯放在转盘上，用刀调整坯体厚度。

8 烧窑
将坯放入大小合适的匣钵中，入窑烧制。

9 釉上彩
在烧好的瓷器上做彩绘。

10 低温复烧
固定釉上彩。

31

夜观星空，探索宇宙

中国是世界上天文学发展最早的国家之一，在历书编算、天象观测仪器发明等方面硕果累累。

传世历法

2000 多年前，中国的传统天文学已经比较完善，从流传下来的各种历书中可以看到先人对天文学的研究成果。

《太初历》

西汉时期，中国历史上第一部比较完整的传世历法《太初历》诞生。《太初历》首次将二十四节气收入历法，并以正月为一年的开始。

《大明历》

南北朝时期，祖冲之创制《大明历》，首次引入了"岁差"的概念，提高了历法的计算精度，是中国历法史上的一次重大突破。

《大衍历》

唐代僧人一行是一位杰出的天文学家，他主持编制了《大衍历》。

一回归年为365.2425日。

《授时历》

中国历史上使用时间最长的一部历法，由元代天文学家郭守敬等人研订。

天象观测仪器

　　为了更好地观测天象，我国古代天文学家还研发出了很多观测工具。

日晷

　　一种利用日影方向和长度来观测、记录时间的仪器。

浑天仪

　　东汉科学家张衡创制的一件天文仪器，它可以测量天体、演示天象。

简仪

　　郭守敬将结构繁复的浑仪进行简化改良而成，是可以测量天体坐标的仪器。

登封观星台

　　观星台位于河南登封，始建于元代，是我国现存最早、保存较完好的天文观测台。

古代数学之光

　　测算天文数据自然少不了数学运算，先人在数学领域也取得了很多领先世界的成就。

3.1415926

算盘

　　用珠子串连排列构成的中国传统计算工具。明清时，算盘已经广泛使用。

《四元玉鉴》

　　元代数学家朱世杰所著，是中国传统数学中最高水平的著作之一。

《九章算术》

　　标志着中国古代初等数学体系的形成。书中提到了勾股定理、方程、平方等概念。

圆周率

　　祖冲之将圆周率精确到小数点后第7位，直到800多年后才有人超越他。

"天衣无缝"的中国传统木结构建筑

中国传统木结构建筑营造技艺，是人类非物质文化遗产中的一颗璀璨明珠。这项营造技艺在中国传承了 7000 多年，不仅影响了中国的建筑风格，更是古代东方建筑技术的代表。

巧夺天工——榫卯结构

榫（sǔn）卯结构是连接两个木制构件的方式。当一个构件的榫插入另一个构件的卯中，就形成了榫卯结构。目前已知最早的榫卯结构发现于河姆渡遗址，距今已有 7000 多年的历史。

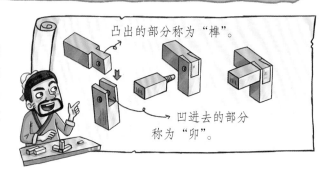

凸出的部分称为"榫"。

凹进去的部分称为"卯"。

鲁班锁

又称"孔明锁"，是一种利用榫卯结构原理发明的益智玩具。

栋梁之材——抬梁结构

房梁就像人体的骨骼一样，房梁坚固，房子才能稳固。中国传统木结构建筑有多种搭建房梁的方式。我国北方常采用抬梁式结构来搭建房梁。"抬梁"就是一层一层架起房梁的意思。两根立柱支撑一根横梁，在横梁上再立两根短柱，支撑一根稍短的横梁，以此类推。

巧夺天工，稳如泰山

中国传统木结构建筑具有很好的抗震性能。位于山西的悬空寺迄今已有 1000 多年的历史，悬空寺建于悬崖峭壁之上，堪称世界建筑奇迹。

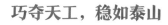

建于公元 984 年的天津独乐寺观音阁，1000 多年以来，经历了各种天灾，至今仍然十分坚固。

仙人　龙　凤　狮子　海马　天马　押鱼　狻猊　獬豸　斗牛　行什

《营造法式》

现存时代最早、内容最丰富的中国古代建筑学著作。

有趣的吻兽

吻兽是中国传统建筑屋顶上的一种装饰物，能够彰显房屋主人的身份和地位。使用吻兽最多的建筑当数故宫的太和殿，共有十只走兽和一位仙人。

亭台楼阁，轩榭廊舫

中国传统古建筑不仅牢固，而且极富美感，建筑种类也非常多。

亭
四周敞开的独立建筑，可供行人休息。

台
高出地面的平台，表面比较平整。

楼阁
最初楼和阁有一些区别，后来二字互通，指多层建筑。

轩
有窗的长廊或小屋，四周宽敞，可供游人休息、观赏美景。

榭
建在水边高台或水面上的木屋。

廊
屋檐下长长的过道。

舫
仿照船的造型在水面上建造的一种建筑物。

平凡而伟大

小小的日用品里凝聚着中国人的大智慧，见证了上下五千年华夏文明的精粹，展现着中国人无与伦比的创造力。

扇

扇子融合了绘画、书法、文学等中国传统文化。

漆器

中国先民是最早使用天然漆装饰器物的人，早在新石器时代的河姆渡文化中就已经出现漆器。

铜镜

用铜制作的镜子，刚制成时是铜黄色的，清晰度很高。

锁

中国的锁文化历史悠久，除了造型优美、技艺精湛，锁还被赋予了吉祥的寓意。

荷包

荷包是古人随身携带的小布袋子，人们会在荷包上绣上各种寓意丰富的图案。

围棋

围棋起源于中国。"琴棋书画"中的"棋"就是指围棋。围棋在古时称"弈"，被认为是世界上最复杂的棋盘游戏之一。

幼儿小百科

人类的故事

知了◎编著　[意]里卡多·罗西◎绘

北京联合出版公司
Beijing United Publishing Co.,Ltd.

图书在版编目（CIP）数据

人类的故事 / 知了编著 ; (意) 里卡多·罗西绘. —— 北京 : 北京联合出版公司, 2022.6

（幼儿小百科）

ISBN 978-7-5596-6146-3

Ⅰ.①人… Ⅱ.①知… ②里… Ⅲ.①人类学—儿童读物 Ⅳ.①Q98-49

中国版本图书馆CIP数据核字(2022)第059625号

幼儿小百科
人类的故事

出 品 人：	赵红仕
项目策划：	冷寒风
作 者：	知 了
绘 者：	[意]里卡多·罗西
责任编辑：	龚 将 李艳芬 牛炜征 李 伟
项目统筹：	鹿 瑶
特约编辑：	鹿 瑶
美术统筹：	吴金周
封面设计：	段 瑶

北京联合出版公司出版

（北京市西城区德外大街83号楼9层 100088）

艺堂印刷（天津）有限公司印刷 新华书店经销

字数10千字 720×787毫米 1/12 3印张

2022年6月第1版 2022年6月第1次印刷

ISBN 978-7-5596-6146-3

定价：155.00元（共6册）

目录

人类的由来

直立人可以完全直立活动，而且打磨工具的本领很高。

大约在600万年前，地球环境发生剧烈变化，原本在树上生活的古猿转而到地面生活。后来，在地面生活的一部分古猿逐渐"站起来"了。经过漫长的演变，古猿的种类变得丰富起来。有的朝着人的方向发展，有的则成了其他猿类的祖先。在距今约180万年前，直立人出现了！

非洲和欧洲的直立人经常用特定的工作方法打制出一种叫作手斧的石器。他们不只追求工具的实用，还希望工具更漂亮。

直立人的化石遗存最初发现于印度尼西亚爪哇岛，而后又在欧洲、亚洲、非洲的多个地区被相继发现。这证明直立人活跃在多个地区。经研究，不同的生活环境使各地的直立人拥有不同的特点。

中国是发现了众多直立人化石的国家之一。

生活在非洲肯尼亚的纳里奥科托姆直立人的身高可达188厘米，而北京猿人男性的身高仅有156厘米左右。

历史知多少

直立人有很多类别，我国著名的直立人有北京猿人、元谋猿人等，国外著名的有爪哇人、海德堡人等。

5

文明的种子发芽了

直立人出现后的100多万年里，人类继续发展，出现了真正的现代人类——智人。智人会使用火，会制作衣服和武器，能够耕种和驯养牲畜。随着时间的流逝，他们变得越来越聪明，不仅会建造房屋，组建村庄，还有了自己的信仰和神明，文明由此开始萌芽。

在非洲大陆上，有一个古老的国家——古埃及，他们将在尼罗河两岸建造宏伟的宫殿，塑造属于他们的符号。

许许多多的小部落在美索不达米亚平原上相互融合。终有一日，它们会变成拥有高大城墙的城邦。生活在这里的人创造了人类早期文化。

世界各地依然散布着一些小部落。人们住在简陋的栅栏屋里，依旧靠着采集、狩猎为生。并不是这些人不够聪明，而是恶劣的环境使得他们难以生存。

在世界各地，无论是崇尚太阳的人，还是崇尚月亮的人，又或者是敬畏自然的人，他们都在努力地将自己所知、所学以及所信仰的东西展示给更多人，并希望这些东西能一代又一代地传承下去。

人类的数量不断增加，但是拥有相同祖先的人们却因为各自居住的环境和气候的不同，演变出了不同的外貌特征。

生活在更寒冷地带的人的肤色较白、发色较浅。

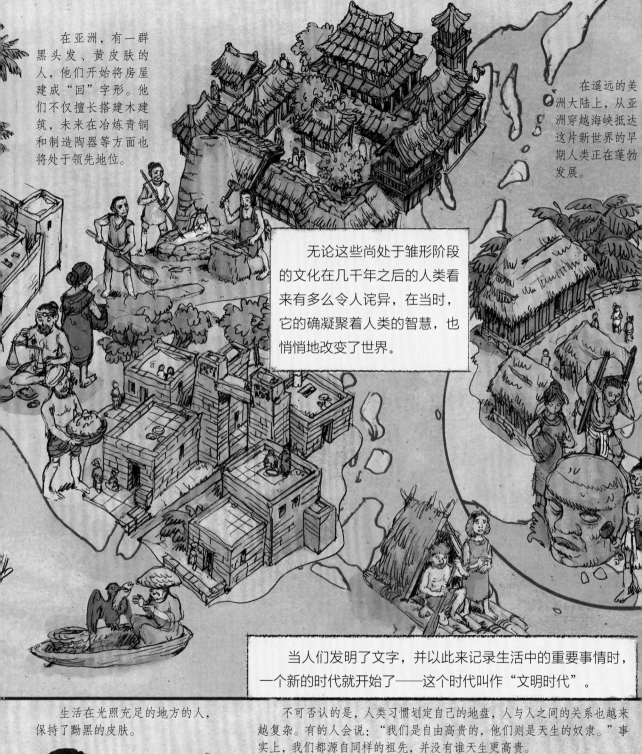

在亚洲，有一群黑头发、黄皮肤的人，他们开始将房屋建成"回"字形。他们不仅擅长搭建木建筑，未来在冶炼青铜和制造陶器等方面也将处于领先地位。

在遥远的美洲大陆上，从亚洲穿越海峡抵达这片新世界的早期人类正在蓬勃发展。

无论这些尚处于雏形阶段的文化在几千年之后的人类看来有多么令人诧异，在当时，它的确凝聚着人类的智慧，也悄悄地改变了世界。

当人们发明了文字，并以此来记录生活中的重要事情时，一个新的时代就开始了——这个时代叫作"文明时代"。

生活在光照充足的地方的人，保持了黝黑的皮肤。

不可否认的是，人类习惯划定自己的地盘，人与人之间的关系也越来越复杂。有的人会说："我们是自由高贵的，他们则是天生的奴隶。"事实上，我们都源自同样的祖先，并没有谁天生更高贵。

了不起的文字

几千年前人类就创造出一种意义非凡的东西——文字。古埃及人、苏美尔人、中国人等都有自己的文字。

> 能读会写真好，就不用干这么多体力活了。

> 在古埃及，只有少数人会使用文字。

> 有了文字，公职人员能为播种、灌溉和收获撰写说明。

苏美尔人创造的文字，一笔一画好像楔子或钉子，故称为"楔形文字"。

苏美尔人使用泥板当"记事本"。人们曾在这些泥板书中找到了被专家称为"人类最古老的史歌"的《吉尔伽美什史诗》。

历史知多少

相传，苏美尔人还发明了泥巴做的"文件袋"，用来放置写有信息的泥板。

腓尼基字母先后被古希腊人和古罗马人继承，渐渐形成了拉丁字母。

早期腓尼基字母　　　早期希腊字母　　　拉丁字母

汉字最早被创造出来时，也是一种象形文字。它是当今世界上最古老的文字之一。它延续至今仍为全球华人所广泛使用。

嬴馂皇
秦始皇

任何文字都不是一成不变的，只是成熟后的文字变化很慢。这一现象从古埃及的三个时期的文字就能看出。

圣书体是古埃及使用时间最长的文字，常出现在神庙的墙上和柱子上。

僧侣体相对圣书体更简便，它丢掉了图形的外表，接近草书，主要用于书写经文。

大众体的诞生受到了外来文化的影响，有了字母化的趋势。

如今绝大多数人已习惯从左往右写字，但是很久以前的人书写方式没有统一。在古代腓尼基热闹的港口城市乌加里特，使用不同文字和书写方式的人在此汇聚。

有的人喜欢从右往左竖着写字。

据说有人是从外往里绕圈儿写字，这种特别的写字方式来自古代希腊的克里特岛。

无论人们如何书写文字、表现文字，我们都该对文字的诞生心怀感激。正因为诞生了文字，人类的文明才得以传承和发扬光大。

有的人则是从左往右横着写。

泥土和砖石堆起了城市

在公元前5千纪，有一群人发现了一片肥沃的土地——美索不达米亚平原。他们在这里建起村庄，开始定居。经过数代人的努力，村庄越来越大，最终演变出了早期的城市。

美索不达米亚平原上有两条河，分别是底格里斯河和幼发拉底河。因而，美索不达米亚平原又被称为"两河流域"。

这群人就是苏美尔人，他们是最早定居在美索不达米亚平原的人。他们在这片土地上建立了最早的城邦国家，被称为"苏美尔早王朝"。

苏美尔文明是世界上最早产生的文明之一。他们发展出了相对先进的农耕技术。

苏美尔人建立的城邦主要有乌鲁克、乌尔等。城邦一般由中心城市连同周围的农村组成，面积不大，居民有几万人到十几万人不等。

历史知多少

　　生活在不同时代、不同地域的人都能创造自己的文化，却不一定进入文明阶段或者文明程度不一样。（有人认为，人类进入文明阶段的标志应当是创造并能使用文字。）

乌尔，世界上最古老的城市之一。它的宏伟壮丽显示着苏美尔的兴盛。城市中心矗立着一座塔庙，它是人们为供奉月神南那而建的，因此又叫"南那塔庙"。苏美尔人很早就开始建造塔庙供奉神明，后来，统治者们将塔庙和国家融合成一个不可分割的系统，塔庙成了城市的重要中心之一。

塔庙的外形就像一座分层的金字塔，底部是台基。整座塔庙建筑在沥青之上，可见苏美尔人已经能使用沥青来防止水对建筑物的腐蚀啦。

我们还能在建筑中加入拱廊、拱形圆顶等建筑形式。

早在约公元前3500年，陶工已经可以用轮子进行机械化制陶。

像这样快速转动轮子，就能做出一只漂亮的罐子。

这个时期，还有一群被统治者授予特权的人，他们能借助几个点、几条线就把口头上的语言转化成能流传后世的文字。农耕知识、传说故事等会被他们记录下来。孩子们能在类似学校的地方学习这些文字并掌握知识。

谁更强，谁就能称王

生产力的发展让一些人的双手从苦役中解脱出来，他们的烦恼由"如何填饱肚子"逐渐偏向"如何获取更多财富"。

贫穷的城邦想变得富有，富有的城邦则想变得更加强大。有些国家的统治者选择通过掠夺别国实现强国，于是战争频繁爆发。

世界上第一支常备军是阿卡德王国的国王萨尔贡的近卫军。

一般来说，谁在战争中享有优势——拥有英明的领导人、强大的军队、充足的粮食和武器等，谁就能取得最终的胜利。胜利者将得到更多的土地和财富，建起更庞大的国家。而失败者会失去家园，或逃亡异乡，或沦为奴隶。

美索不达米亚平原一带是最早进入青铜时代的地区之一。

没有哪个王朝能一直兴盛，当一个王朝在战争中消亡，必然会有其他王朝崛起。在漫长的历史中，战争的阴影一直没有消散。

思想时间到了

　　公元前6世纪前后，中国诞生了老子、孔子和墨子等人。他们分别创立道家、儒家和墨家学派。其中，道家是中国哲学的鼻祖。公元前6～前3世纪这段时期，世界各地思想文化也在迅速发展，其中希腊出现了许多重要的哲学家。他们不仅提出了很多哲学思想，还解释了很多科学现象。

　　哲学家芝诺提出过一个有趣的悖（bèi）论：擅长奔跑的阿喀琉斯和乌龟赛跑，他在乌龟跑出一段距离后再出发。之后，每当他追到乌龟原来的位置时，乌龟总是已经又前进了一些。所以，芝诺认为尽管阿喀琉斯越追越近，但他永远也追不上乌龟。

你知道吗？原子的质量非常小，一滴水里就有着数不清的原子。你也是由原子构成的！

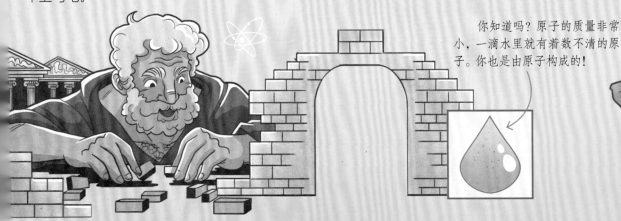

　　哲学家德谟克利特认为，万物由许多不可分割的微小物质粒子组成，这种粒子称为"原子"。原子没有性质上的区别，只是排列、形态和大小不一样。原子的英文单词"atom"就源自希腊语，意思是"不可分割的"。

嘿！年轻人，等等我，你知道……

美德即知识。

相传哲学家苏格拉底曾是一名石匠，他开始研究哲学后就常常在街头和青年们讨论哲学、伦理等问题。他被认为是当时最有智慧的人。

后来，苏格拉底遭到控告，以败坏青年等罪名被判处死刑。苏格拉底死后，他的弟子柏拉图继承和发展了他的学说。

死罪！

你懂几何学吗？不懂请勿入内。

柏拉图创建了一个庞大的哲学体系，古希腊哲学发展到了一个新的高峰。他还创办了阿卡德米亚学园。学园通过数学、天文学等方面的训练，为希腊培养了许多人才。

在柏拉图的著作《理想国》里，有一个引人深思的故事：
有一群人从小被锁在不见天日的洞穴里，囚禁他们的人每天制造出各种各样的影子和声音，让他们以为这就是真实的世界。一天，一个人被释放到洞穴外，看到了真实世界的样子。他把自己的见闻告诉其他人，那些人却认为影子才是真的，还笑话他眼睛坏了。

15

罗马人的一天

时间来到公元1世纪，罗马帝国是欧洲大陆上的强国，罗马人的生活是什么样子的？让我们来看看吧！

维斯塔贞女在守护圣火，她们至少要保持贞洁守护30年。

富人们躺在床上准备吃饭。

女主人在奴隶的服侍下梳妆打扮。

奴隶正在厨房里工作。

一家人正要对着供奉保护神的神龛（kān）进行祷告。

轿子是贵族的出行工具。

儿童正在玩麻布娃娃等玩具。

诗人正在街头朗诵他的新作。

上学后的儿童可以用铁笔在蜡板上写字。

公共浴场里，人们正在洗澡。这里可以为罗马人民提供热水、温水、冷水服务。男士们还可以在浴场里进行训练。

浴池设有厕所。罗马的坐便器看上去很像现在的马桶。

人们还会在浴室里进行社交和娱乐活动，例如一边搓澡一边聊天。

涂抹油后，罗马人会用刮身板刮净皮肤。

罗马一年中有许多节日。在公共节日期间，人们会举行祭祀仪式或游行、赛会等多种形式的活动。

1世纪，罗马竞技场（斗兽场）建成了！相传，心急的皇帝甚至在它未完工时就举行了开幕庆典，让民众连续狂欢100天！赛马、歌舞表演、角斗和斗兽不断在这儿上演。

没想到还有海战可以看。

这看上去可真精彩啊！

商人正在做生意。

罗马的水道十分发达，举行某些重大活动时，竞技场内会被灌进大量的水，由角斗士们驾着小船来模拟海战。观众可以看到场面颇为壮观的水上格斗表演了！

历史知多少
罗马共和国末期发生了3次大规模的奴隶起义，其中斯巴达克斯起义最为著名。但到了罗马帝国时期，这种情况却很少发生。

罗马人习惯在晚上吃正餐，那是他们一天中最丰盛的一餐。

奴隶被罗马人当作财产，可以被主人随意对待。

谁建起了大城堡

在很多欧洲童话故事中都有公主、骑士和大城堡的身影。不过你知道吗？城堡最初不是为公主而建。城堡被称为"欧洲早期要塞"，大多是封建主为守卫领地而建。9世纪开始，从中亚到西欧修建起了许多封建主的城堡。

土木材料城堡

有的城堡由简单的土木材料建造而成，建筑材料易得、建造快，但木城堡经不起火攻。另一种城堡是由石头砌成，工期虽然比木城堡长，但它更加宏伟、坚固。

一旦发生战争，城堡就是坚实的堡垒，帮助士兵抵御外敌。敌人想占领这片区域，就得先攻下该区域的城堡。在和平时期，城堡还可以作为住宅、仓库甚至是集市。

城堡需要定期维护、修缮。

> 欢迎来到我的领地，这座大城堡是我的家。

城堡主人

> 远道而来的客人，愿上帝保佑你！我要去给孩子们上课了。

牧师

历史知多少

贵族可以建造城堡，但是需要得到国王的许可。

> 城堡是防御用的堡垒，作战时的武器！我是城堡的守卫。

骑士

> 有的人可以在城堡里享受一切，而我们不仅没有自由，还要完成繁重的工作。

仆役

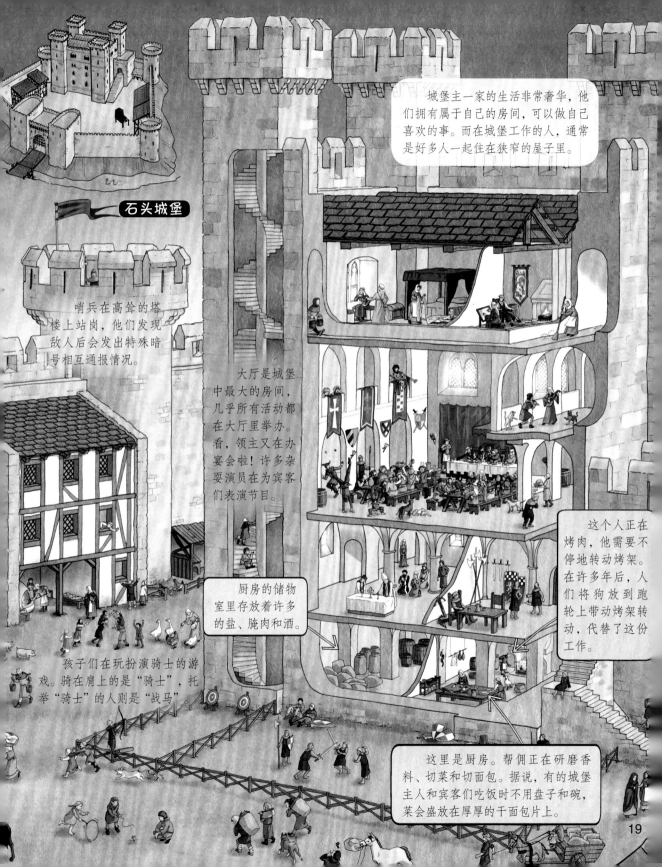

石头城堡

城堡主一家的生活非常奢华，他们拥有属于自己的房间，可以做自己喜欢的事。而在城堡工作的人，通常是好多人一起住在狭窄的屋子里。

哨兵在高耸的塔楼上站岗，他们发现敌人后会发出特殊暗号相互通报情况。

大厅是城堡中最大的房间，几乎所有活动都在大厅里举办。看，领主又在办宴会啦！许多杂耍演员在为宾客们表演节目。

厨房的储物室里存放着许多的盐、腌肉和酒。

孩子们在玩扮演骑士的游戏。骑在肩上的是"骑士"，托举"骑士"的人则是"战马"。

这个人正在烤肉，他需要不停地转动烤架。在许多年后，人们将狗放到跑轮上带动烤架转动，代替了这份工作。

这里是厨房。帮佣正在研磨香料、切菜和切面包。据说，有的城堡主人和宾客们吃饭时不用盘子和碗，菜会盛放在厚厚的干面包片上。

繁荣兴盛的中世纪城市

中世纪时期，欧洲仍保存了罗马时代的一些城市。到了11世纪，西欧各国的部分旧城开始复苏，同时也有新的城市诞生。

公元6世纪，巴黎成为法国的首都。塞纳河右岸逐渐成为商贸中心，市场经济也随之兴盛。

巴黎圣母院从1163年开始建造，耗时将近两个世纪才完工。

伦敦

这里是伦敦！

11世纪，伦敦的人口达到了2万人。作为英国的首都，伦敦成了商业和政治中心。

巴黎

巴黎的环境有点糟糕。人们仍将粪便倾倒在街上。

威尼斯

威尼斯真的是建在水上的！

14世纪的威尼斯共和国进入了全盛时期，其中心城市成为地中海和黑海地区的商贸中心。

据说这时的伦敦，男士流行穿尖头鞋，而女士们已经开始染发、烫发、涂眼影和口红。

11世纪时，逐渐强盛的热那亚曾与威尼斯展开多次战争。到15世纪初，它成为地中海最强国家之一。

马可·波罗就是在热那亚的监狱里口述了他在中国的所见所闻。

佛罗伦萨的市徽是鸢尾花图案。

13～15世纪时，佛罗伦萨因纺织业崛起，成为当时意大利的重要城市，也是文艺复兴的发源地。

佛罗伦萨

热那亚

这就是美丽的热那亚啊！

欢迎来到佛罗伦萨。

飞狮是威尼斯的标志。

21

文艺要复兴

14～16世纪，西欧各国掀起了轰轰烈烈的思想、文化运动，在这种社会环境下，一大批艺术大师如雨后春笋般涌现。这个时期被称为"文艺复兴"时期。

1401年，在佛罗伦萨的一场雕塑竞赛中，作品精美典雅的意大利雕塑家吉贝尔蒂获得第一名。在后来的几十年里，他为佛罗伦萨洗礼堂的北门与东门精心制作了数以百计的青铜浮雕。其中，东门还被米开朗琪罗称赞为"天堂之门"！

罗比亚家族是意大利著名的雕塑家族。卢卡·德拉·罗比亚首创了幅面较大、风格典雅的陶塑，并使它成为佛罗伦萨流行的建筑装饰。安德烈亚·德拉·罗比亚的作品也对文艺复兴雕刻有一定影响。

历史知多少

中国制瓷技术随着丝绸之路流传到世界各地，对欧洲各国的制瓷技术产生了深远的影响。

烧制锡釉陶的工艺由中东经西班牙南部的马略卡岛传到意大利，所以意大利生产的锡釉陶又叫马略利卡。

米开朗琪罗是文艺复兴时期伟大的雕塑家，24岁的他就创作出了让人们赞叹不已的《哀悼基督》。

据说，米开朗琪罗在少年时期就爱好艺术，这让作为法官的父亲很是不满。但米开朗琪罗不肯屈服，固执地踏入了艺术大门。

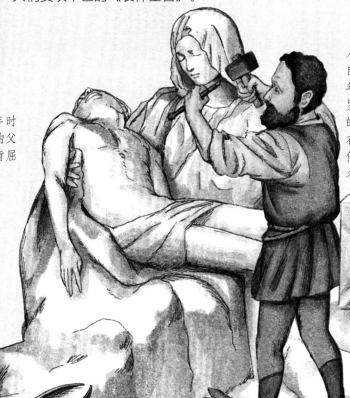

相传，因为没人相信这件杰作出自名不见经传的青年之手，米开朗琪罗一气之下将自己的名字刻在圣母的衣带上，这也成了他终生唯一自己题名的作品。

据说，追求完美的米开朗琪罗常常住在采石场，亲自选采石料。

历史知多少

传说，巨人歌利亚率兵侵袭，牧羊少年大卫主动上阵，用弹弓和石头打败了巨人。后来，勇敢的大卫成为了犹太-以色列联合王国的国王。

《大卫》是米开朗琪罗的重要作品之一。体格健美的大卫正坚定地望向敌人，随时准备投入战斗。

许多艺术家都喜欢以大卫的故事为创作题材。多纳太罗用青铜雕刻的《大卫》姿态优雅，而贝尼尼的《大卫》极具动感，仿佛马上就要抛出石头。

多纳太罗《大卫》

贝尼尼《大卫》

出发吧，航海家

公元15~17世纪常被人们称为"大航海时代"，世界各国的人们都在尝试出海探索更宽广的世界，世界真正实现了互相往来。

> 这本书真是太有趣了！

早在13世纪，马可·波罗就曾前往东方游历，他的著作《马可·波罗行记》让很多欧洲人对东方产生了浓厚的兴趣。

15世纪初，中国的郑和曾率领船队进行过7次海上远航活动，开辟了中国前往非洲和阿拉伯等地区的新航路。

15世纪海上航路被发现后，葡萄牙人和荷兰人先后侵入香料产地，将大批香料运入欧洲市场，获取惊人利润。

当时，一些国家有决策者和探险家想去东方寻找黄金和土地，他们认为那里遍地都是宝藏，想要多少就能拿到多少。

> 快点儿行动！

15世纪中期，奥斯曼土耳其帝国控制了东西方贸易的重要通道。因此，欧洲人越发想寻求通往东方的新航路。

航海家携带了各种航海工具，以防在海上迷失方向。

胡椒

八角

丁香

指南针

航海图

星盘

暴风雨快要来了。

当时有很多优秀的航海家都来自欧洲。

意大利航海家哥伦布4次率领船队远航，开辟了从欧洲横渡大西洋去美洲的航线。

葡萄牙航海家麦哲伦的船队完成首次环绕地球的航行，从而证实了地圆说。

地理大发现促进了欧洲的资本原始积累和世界市场的出现，很多国家开始了殖民掠夺，经济发展飞速。

启蒙运动开始啦

17~18世纪，欧洲兴起了一场反封建的思想文化运动，这是文艺复兴之后近代人类的第二次思想解放。当代人用"启蒙时代"指称这个时代，表明那是以光明驱逐黑暗的历史时代。启蒙运动对很多国家都产生了深远的影响。英国是先进行启蒙运动的国家，之后是法国。

国家工艺博物馆　　皇家研究院

启蒙运动时期，两个传播科学和技术的公共机构诞生了，分别是巴黎的国家工艺博物馆和伦敦的皇家研究院。

17世纪末，英国刚完成不流血的"光荣革命"，并颁布了《权利法案》《宽容法案》。议会的权力得以确立，国王渐渐变得"统而不治"。不服从国教的新教徒享有信仰自由。

这一时期，欧洲许多国家的文化和教育都被教会垄断，许多民众处于蒙昧的状态。

启蒙思想家的出现改变了这种状况。他们宣扬自由、民主、平等和法制等思想，热情地"启蒙"百姓，致力于让他们摆脱这种状态。

启蒙运动涉及哲学、科学、文学、美术、经济等方面。启蒙思想家把自己的观点写成书，然后出版，用以传播自己的思想。

这时期，人们有了更多的书可以看：伏尔泰的《老实人》、布丰的《自然史》……法国人还出版了《百科全书》！英国人也编写了自己的词典。

英国议会还在18世纪初通过了版权法，为出版业提供了良好的环境。继英国废除出版检查制度后，法国也废除了这个制度。英国还在商业方面也适当放开了限制，让人们可以更加自由地交易。

在伦敦，人们能以平等的条件在交易所进行交易。

工厂诞生了

18世纪60年代，纺织机、蒸汽机陆续发明，提高了工人的生产效率，从此，物品的生产速度变得飞快，人们从手工业逐步转向机械化生产，工业革命开始了！

有钱的工厂主雇用了成千上万的工人，建立起一座又一座工厂，生产出大量的产品并将其出售，从而得到更多的金钱，变得越来越富有。

新机器真不错！

妇女为了生计，也进入工厂从事纺织工作。

之后，靠着手工劳动生存的小手工业者渐渐失去了竞争力，被使用机器生产的工厂所取代。

我们手工业者的生产速度真的比不上那些机器。

在矿场，工人们深入地下采矿，然后再把采掘品送到工厂里。

工厂主大量使用童工，让他们在矿道里来回运煤，严重摧残了这些儿童的身心健康。

工人们时常面临超长的工作时间和恶劣的工作环境，甚至一天到晚只能守在工厂的机器旁边。机器不停下来，他们就无法休息。

有的工厂主会给工人们安排宿舍，但是宿舍的居住条件非常差。

这些饭根本不够吃。

新的交通，新的城市

工业革命推动了新技术的应用，新的交通工具出现了。人们的出行方式越来越多样化！

在街道上可以看到马车、自行车、机车和电车等交通工具。

马车在道路上十分常见。

有一家新商铺开业了，要去看看吗？

工人们正在修建地铁。

自行车成了一种很方便的代步工具。

内燃机成了很多交通工具的动力源。德国工程师本茨制造出了一辆由内燃机驱动的机车，但它只有三个轮子。不过很快，工程师戴姆勒就用一辆马车改造出了四轮汽车。

世界首条地下铁道诞生在英国的首都伦敦，据说建造的原因是为了解决交通堵塞问题。

30

工业革命还加速了西方国家的城市化进程——人们建起一座又一座高楼大厦，不断完善城市基础设施。生活越来越方便了！

为了交通安全，人们开始在街道上安装交通信号灯。

有轨电车开始出现在城市里。

新出的报纸要买一份吗？

苏伊士运河在工业革命时期已是重要的水上通道。不少西方国家充分利用这条运河，加强了同其他国家的经济往来。

历史知多少

工业革命加强了世界各国在政治、经济、文化等方面的联络。各国交往日益密切，迫切需要通过各种方法来进一步加强国与国之间的相互了解，于是奥林匹克运动会的恢复被提上了议程。1896年，第一届现代奥林匹克运动会在希腊雅典召开。时至今日，奥林匹克运动会已是世界规模的体育盛会。

席卷世界的超级战争

20世纪初，很多国家都想扩大自己的势力范围。1914年，第一次世界大战正式爆发了。这场战争本来只是奥匈帝国和塞尔维亚两个国家之间的战争，最后却演变成席卷很多国家的超级大战。

在战争爆发之前，很多欧洲国家之间都签订了各种协议或同盟条约。很快，欧洲几乎所有国家都分别归入了两大军事集团：同盟国和协约国。

同盟国主要国家

德国

奥匈帝国

保加利亚

协约国主要国家

英国

两大军事集团形成后，各国展开了激烈的军备竞赛，不断扩充自己的军队。其中，德国走在最前列，提前为战争做好了充分的准备。

法国

奥匈帝国对塞尔维亚宣战后，两大军事集团的国家开始互相宣战。德国是奥匈帝国的支持者，俄国是塞尔维亚的支持者，法国又表示支持俄国，英国最终也向奥匈帝国宣战了。很快，大部分欧洲国家加入了这场战争。

俄国

战火首先在欧洲大陆点燃，其中以德国和法国为主的西线战场是决定全局的主战场。在战争之前，德军的元帅施利芬就制定了一份完整的"施利芬计划"，决定迅速打败法国。

我们先集中火力打败法国，之后再击败其他国家。

施利芬

大战开始后，德军迅速进攻比利时，企图从北部向法国进攻，并抵达了离法国巴黎非常近的马恩河，准备用最短的时间攻下巴黎。

霞飞将军

但是法国的霞飞将军成功阻止了德军的进犯，破坏了德军的计划，从此战争进入了双方僵持阶段。

历史知多少

在第一次世界大战期间，马恩河地区曾发生过两次战役，第一次以德国的速胜计划失败告终。第二次协约国联军击退了德军并掌握了战争的主动权，为全面反击创造了条件。

在长达四年多的第一次世界大战中，有3000多万人受伤甚至丧生。直到1918年，第一次世界大战终于进入了尾声。

33

科技大爆炸

　　惨烈的第一次世界大战结束没多久，又爆发了第二次世界大战。两次大战让世界在很多方面都变得与原来不一样了，人们的思想被打开，科技飞速发展，一些只存在于科幻想象中的东西甚至成了现实。

　　第二次世界大战推动了科技发展，为航空运输业带来了一次技术革命，飞机的安全性等得到了提升。20世纪50年代出现的喷气式民用飞机大量投入航空运输业，使得"乘坐飞机出行""飞机运送货物"越来越常见。

　　战争结束后，不只是人们的出行方式更多元了，电视直播、转播等也进入了人们的生活中。

　　20世纪20年代中期，电视只在个别的城市就地播出，收看距离一般只有几十千米，甚至无法在不同城市收看。后来出现了微波接力线路传送电视节目信号，城市之间才实现了电视的即时转播和节目交换。

　　通信卫星的发射，让电视信号传送得更远了，人类首次登月时，全球有几亿人通过电视观看了这一"实况转播"。

17世纪时，欧洲数学家已开始设计和制造能进行基本运算的数字计算机。到20世纪时，世界上第一台电子计算机问世。

晶体管的诞生开启了微电子时代的大门。

早期的计算机（ENIAC）笨重得像个庞然大物，能填满房间。

早期计算机的主要用途是完成复杂的算术运算、信息储存等。

紧接着，蒂姆·伯纳斯·李发明了万维网，也就是我们常说的"网页"。它的出现，让生活在不同地方的人，可以轻松地获取信息。

随着科技的不断进步，人类对太空的探索也取得了很多突破。人们在太空搭建了国际空间站，航天器甚至把人类送上太空、送上月球！直至今日，科技仍处于高速发展中，人类正在用智慧创造更好的世界。

世界大事年表

世界诞生 大爆炸宇宙论的学者认为，所有星体的年龄应小于150亿年。

古猿诞生 约4000万年前，人类先祖古猿出现了。

距今约1.2万年

人类进入了新石器时代，出现了农业，人类开始饲养家畜、使用磨制石器和学会制作陶器。

约公元前14世纪

中国处于商朝时期，商王迁都于殷。文化方面，出现了甲骨文。

约公元前31世纪

上下埃及实现统一。

公元前50~前40世纪

苏美尔人到达两河流域，创造了苏美尔文明。

公元前2~前1世纪

恺撒颁布儒略历，屋大维确立元首制，罗马帝国开始。

公元9世纪

法兰克王国查理加冕为"罗马人皇帝"。

公元13~14世纪初

文艺复兴运动先驱但丁创作了许多优秀的诗歌，其中《神曲》是意大利语言和文学的奠基之作。

公元1914~1945年

第一次世界大战、第二次世界大战。

公元1497年 航海家达·伽马从欧洲起航寻找通往印度的新航线。

公元1984年

苏联3名航天员在"礼炮"7号空间站，创造了在地球外层空间滞留237天的纪录。

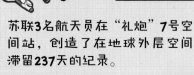

幼儿小百科

时间小简史

知了◎编著

[俄罗斯]什莫伊洛娃·阿廖娜◎绘

北京联合出版公司

Beijing United Publishing Co.,Ltd.

图书在版编目（CIP）数据

时间小简史 / 知了编著；(俄罗斯) 什莫伊洛娃·阿廖娜绘. -- 北京：北京联合出版公司, 2022.6

（幼儿小百科）

ISBN 978-7-5596-6146-3

Ⅰ. ①时… Ⅱ. ①知… ②什… Ⅲ. ①时间—儿童读物
Ⅳ. ①P19-49

中国版本图书馆CIP数据核字(2022)第059612号

幼儿小百科
时间小·简史

出 品 人：赵红仕
项目策划：冷寒风
作　　者：知　了
绘　　者：[俄罗斯] 什莫伊洛娃·阿廖娜
责任编辑：龚　将　李艳芬　牛炜征　李　伟
项目统筹：鹿　瑶
特约编辑：李楠楠
美术统筹：吴金周
封面设计：何　琳

北京联合出版公司出版
（北京市西城区德外大街83号楼9层　100088）
艺堂印刷（天津）有限公司印刷　新华书店经销
字数10千字　720×787毫米　1/12　3印张
2022年6月第1版　2022年6月第1次印刷
ISBN 978-7-5596-6146-3
定价：155.00元（共6册）

目录

砰！时间诞生了

大约在137亿年前，宇宙从一场大爆炸中诞生了。从此以后，才有了时间。

在大爆炸之前，世界上什么都没有。没有太阳，没有地球，没有山，没有水，更没有人。我们现在所知道的一切都被压缩在一个非常小的东西里，小到你根本看不到它，科学家们把它叫作奇点。

突然有一天，奇点开始膨胀，并迅速扩大，前一秒还像婴儿的宇宙，一下子长成了一个巨人。在膨胀的过程中，它释放出了巨大的能量和无数的粒子。

一般人体腋温超过37.2℃时就算发烧了；
水烧开时的温度大约是100℃；
太阳的表面温度约为6000℃；
而宇宙诞生初期的温度超过

10000000000℃！

光是想想都觉得太——热——了！！！

短短几分钟后，随着宇宙不断膨胀，温度逐渐降低，微观粒子开始聚在一起，形成原子核。

数亿年后，原始的星系出现了。

又经过了100多亿年，宇宙才变成现在这样繁星闪耀的样子。

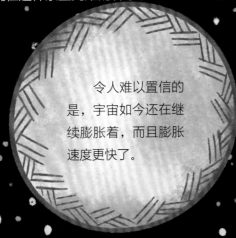

令人难以置信的是，宇宙如今还在继续膨胀着，而且膨胀速度更快了。

和刚诞生时不同，现在的宇宙已经变得非常冷了，大部分空旷区域的温度大约只有-270℃。

它们是怎么形成的

太阳和地球都是由庞大的原始星云演变而来的。

太阳形成不久后，太阳星云里的物质不断聚集。

这些物质逐渐形成了包括地球在内的各个行星和其他天体。

此时的太阳系还很不稳定，不同的天体之间经常发生碰撞。

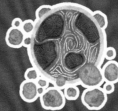

在一次大碰撞中，地球的一部分被撞到了太空中。

之后地球不断冷却，孕育了大量的生命，而那部分被撞飞的碎片则重新聚集，形成了月球。

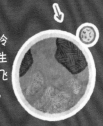

在没有计时工具之前，人们只能依靠太阳来安排自己的一天。

早上，太阳从东边升起，世界变得明亮，人们抓紧时间去寻找食物。当时可没有现在这么多美食可供选择，人们只能通过采集野果、捕猎野兽来填饱肚子。

今天运气真好！居然采到了这么多果子。

看太阳，知时间

对于当时的人们来说，如果能够捕获一头身躯庞大的猛犸象，那么接下来的一段时间内都可以不用再去狩猎。然而这种机会非常难得。

晚上，太阳从西边消失，世界变得漆黑。黑暗中充满了危险，于是人们就找个安全的地方睡觉，等待太阳再次升起。

如果野兽来了，我就用火把驱逐它！

时间在太阳的东升西落中慢慢过去了，于是人们就把一个白天和一个夜晚叫作一日。

还好有火给我们带来温暖。

地球上的一切生物都依靠着太阳释放的能量生存，所以太阳在人们的心目中有着无与伦比的重要地位。在世界上不同地区的文明中，都不约而同地出现了太阳神的形象。

在希腊神话中，太阳神赫利俄斯会驾着由四匹马牵引着的金色马车飞过天空，为大地带来光明。

后来，光明之神阿波罗逐渐与赫利奥斯混同，并取而代之。

苏尔是北欧神话中的太阳神，她每天都会驾驶由两匹天马拉着的马车飞过天空。

马车上装着从火焰之国取来的巨大火块。有一匹狼紧紧追赶着马车，妄想把太阳吃掉。

为了供奉太阳神，阿兹特克人还在墨西哥修建了一座宏伟的太阳金字塔。

托纳提乌是阿兹特克人的太阳神。据说他出生时就全身武装。

在中国古代神话中，羲和生了十个太阳。这十个太阳居住在扶桑树上，每天轮流出现在天上，为人们带来光明和热量。

出土于三星堆的1号大型铜神树据说就是神话中的扶桑树，树上有9只神鸟，而这神鸟有可能就是象征着太阳的金乌。

古埃及的日、月、年

对于古埃及人来说，一年只有3个季节，而这3个季节的划分和尼罗河息息相关。

在古埃及神话中，太阳神拉是最伟大的神。他每天都会乘坐着太阳船在天空中巡游，为大地带来阳光和温暖。太阳船到了哪里，哪里的人们就会出来迎接太阳神、赞美太阳神。

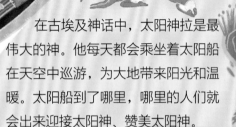

①泛滥季

尼罗河泛滥时，会淹没村庄和农田，所以人们会把家搬到高处。这段时间也是人们休息的时候。

> 快走！快走！河水追上来了！

尼罗河全长6600多千米，是世界上最长的河流。它注入地中海时形成的三角洲是世界古代文明的发祥地之一。

第十二个小时，太阳神来到了复活女神居住的女神之国。

第十一个小时，太阳神来到了到处都是火坑的洞穴之国。

第十个小时，太阳神来到了由他统治的泉水之国。

第九个小时，太阳神来到了烈焰王国。12条大蟒蛇从口中喷出火焰，把这里照得很亮。

危急之下，伊西斯女神用她的魔法制止了阿波菲斯。

现在了东方，继续给大地带来光明和温暖。

夜里的12个小时过去后，太阳神再次出现在了东方。

第八个小时，太阳神来到了死神之国。

第七个小时，太阳神来到了岩洞王国，可怕的蛇怪阿波菲斯准备袭击太阳神。

列涅努忒是古埃及神话中的农业女神。

古埃及人发现，明亮的天狼星总是隔一段时间就会和太阳同时升起，而尼罗河的泛滥周期也和这个时间紧密相关。于是，古埃及人就把它们共同升起的那天作为一年的开始。这是人类历史上最早的太阳历。

③收获季

粮食成熟后，人们就抓紧时间收割粮食，然后制作成面包和酒。

②播种季

洪水过后，土壤变得肥沃，人们开始播种粮食。小麦和大麦是古埃及人最主要的粮食作物。

当太阳神乘坐着太阳船到了地平线以下时，夜晚降临了。太阳神沿着河流巡视冥间的12个王国。12位夜女神将会依次引导太阳船前进。

夜里的第一个小时，太阳神到达了拉神之河。河岸边有6条喷火的巨蛇。

第二个小时，太阳神到达了乌奴斯。这个国家的河面上有很多筏子。

第三个小时，太阳神到达了奥西里斯掌管的冥界。

第四个小时，太阳神来到了墓地之国。这里到处是沙子和蛇，就连太阳船也变成了一条巨大的蟒蛇。

第五个小时，太阳神到达了隐秘王国。这里的洞穴里居住着荷鲁斯。

第六个小时，太阳神到达了源泉之国。这里有很多神秘的石像。

太阳历把一年分成了12个月，每个月都是30天。每到12月月底，古埃及人就会增加5天"添加日"。于是，一年就有了365天。

30	30	30	30
30	30	30	30
30	30	30	30

= 365

消失的10天

2000多年前，古罗马的儒略·恺撒征服了埃及，并带回了埃及的太阳历。

在天文学家的建议下，恺撒参照埃及的太阳历重新制定了历法，这种新历法被称为儒略历。

原本罗马历的普通年份只有355天，恺撒在它的基础上增加了10天，使得一年有365天。

因为2月和死亡有关，人们都想快点度过，所以新增的10天并没有分给2月。直到现在它都是12个月份中天数最少的。

然而，新历法在实施过程中出现了差错，人们误以为是每3年设置一个闰年。

恺撒去世后，屋大维即位。而此时，闰年出现的次数已经比恺撒设想的次数多了3次，于是屋大维修正了这个错误，并让闰年每4年出现一次。

为什么要设置闰年呢？

地球围绕太阳公转一圈大约需要365.2422天，而人们一般把365天算作一年，这样的话，每过4年，太阳历就会比实际情况少大约一天，所以人们就把这一天加到了第4年里。

儒略历对于当时的人们来说已经很准确了，但是时间一久，它的误差越来越大。到1582年时，日历已经比实际的日期晚了约10天。于是罗马教皇格里高利将这10天直接去掉了，这就导致1582年10月4日的第二天就是10月15日。

修改过后的历法被称为"格里高利历"，也就是我们现在使用的公历。

1582年 10月

			1	2	3	4	15	16
17	18	19	20	21	22	23
24	25	26	27	28	29	30
31

每年的公历6月1日是小朋友们的节日——儿童节。

是我看错了吗？昨天是10月4日，为什么睡了一觉就到了10月15日？

教皇还规定，年份数字能被4整除的是闰年，但如果遇到以"00"结尾的年份，必须能被400整除才能算是闰年。

2016

2000

2000年和2016年是闰年。

1919
1900

1919年和1900年是平年。

虽然很不可思议，但这在历法变更时是很正常的。当初恺撒改用儒略历时，为了让1月1日成为新年第一天而把前一年延长了几十天，导致那一年一共有445天！

真是漫长的一年！

改进后的公历更加精确了，大约3000多年才会出现1天的误差。

挑战太阳的月亮与鲜花

挂在夜空中的月亮有时圆，有时弯，有时还会直接消失不见。

人们观察了很长时间，发现月亮总是从一个月牙慢慢变成圆月，然后再渐渐变小，直到消失。于是，人们就把这样一个周期称为一个月。

它们三者之间的相对位置一直在发生着变化，所以我们每天在地球上看到的月亮也在变化。

月相为什么会变化？
地球绕着太阳转，月球绕着地球转。

下弦月

残月

亏凸月

新月

满月

蛾眉月

盈凸月

有时候，月亮会在一个晚上经历从圆到缺再到圆的过程，这就是月食。

上弦月

月食一般都出现在满月时。

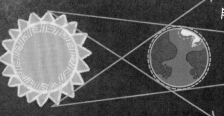

当地球、太阳和月球位于一条直线上，并且地球位于太阳和月球中间时，地球就会慢慢挡住太阳照向月球的光，于是位于地球上的人们就看到了月食。

七月：玉簪花
瑶池仙子宴流霞，
醉里遗簪幻作花。
【宋】王安石

根据太阳制定的历法称为阳历，而根据月亮制定的历法则称为阴历。中国民间也将农历称为阴历，但实际上，农历是一种将阳历和阴历结合起来的阴阳历。

中国的很多节日都是按照农历来计算的，其中最著名、最重大的节日莫过于农历大年初一的春节。

花历是一种非常特殊的历法，它以各地当月盛开的花来指代这个月。自古以来，有不少文人墨客用诗句表达了对于这些花儿的喜爱之情。

一月：梅花
墙角数枝梅，
凌寒独自开。
【宋】王安石

二月：杏花
日日春光斗日光，
山城斜路杏花香。
【唐】李商隐

三月：桃花
竹外桃花三两枝，
春江水暖鸭先知。
【宋】苏轼

四月：牡丹
唯有牡丹真国色，
花开时节动京城。
【唐】刘禹锡

五月：石榴花
石榴花发满溪津，
溪女洗花染白云。
【唐】李贺

六月：荷花
接天莲叶无穷碧，
映日荷花别样红。
【宋】杨万里

九月：菊花
待到秋来九月八，
我花开后百花杀。
【唐】黄巢

八月：桂花
何须浅碧深红色，
自是花中第一流。
【宋】李清照

十月：兰花
兰溪春尽碧泱泱，
映水兰花雨发香。
【唐】杜牧

十一月：水仙花
水中仙子来何处，
翠袖黄冠白玉英。
【宋】朱熹

十二月：蜡梅
蜜蜂采花作黄蜡，
取蜡为花亦其物。
【宋】苏轼

四季里的节气

如果地球是直立着围绕太阳转动的，那么地球上就不会有季节的变化。但事实上，地球是斜着转动的，太阳直射点每年在南、北回归线之间来回移动，所以位于温带的人们才会在一年中经历不同的季节。

为了方便记忆每年播种、收获的时间，人们把一年平均分成24份，二十四节气就这样诞生啦！

谷雨是春季的最后一个节气，天气变得温暖起来，降水增多，人们开始播种玉米、花生等农作物。

夏季气候炎热，植物长得更加茂盛，动物们更加活跃。农民伯伯们也忙碌起来：插秧、除草、施肥、灌溉，样样都不能掉以轻心。

小麦是世界上最重要的粮食作物，它可以用来制作面包、馒头、面条、饼干等各种食物。

春季时，太阳直射点逐渐从南半球向赤道移动。到了春分，太阳直射赤道，全球的白天和晚上都一样长。之后，太阳直射点继续向北回归线移动。

春

当太阳直射北回归线附近时，北半球的夏季来了，白天变得比夜晚更长。在北极，夜晚甚至消失了，太阳一天24小时都挂在天空中。

夏

芒种是冬小麦成熟的时候，人们在这时开始收割小麦。

好热啊！

夏至昼最长，夜最短。

地球年龄竞猜赛

现在，人们都知道地球已经存在了大约46亿年。但测定地球年龄可不是一件容易的事情，毕竟它没有爸爸妈妈为它数着日子过生日，所以人们想了很多办法来确定这个庞大的数字。

地球所在的太阳系中飘浮着很多微小固态天体，它们闯入地球大气层后，就会开始燃烧，形成流星。

17世纪时，英国的乌雪主教通过比较圣经中的事件和真实历史事件，认为地球诞生于公元前4004年。

19世纪时，英国的开尔文勋爵根据地面散热的速度，估算出地球从满是岩浆的状态冷却到现在大概需要不到一亿年的时间。

有些天体直到降落到地面都还没有燃烧完，于是就成为了陨石。

陨石

然而，无论是依靠创世故事还是地球的散热速度，都不能正确地测算出地球的年龄。直到19世纪末期，人们发现了放射性元素。就目前来看，放射性元素的衰变速率在任何条件下都是恒定的。

假设有一天，一只恐龙得到了100个苹果，而它每天都会吃掉一个。当我们发现它时，它只有20个苹果了。那么我们就可以推断出这只恐龙是在80天前得到这些苹果的。测算地球年龄当然比这复杂得多，但科学家们总是有办法的。

藏在岩石里的时间

为了更好地划分这些岩石的年代，地质学家们决定用"代"和"纪"给每个时期都起个名字。

地球上的岩石形成于不同时期，它们有的已经存在了几亿年，有的却刚刚形成没多久。一般情况下，先形成的岩石都会在过去过形成的岩石上方。

在不同时期形成的的岩石着不一样的特征，根据岩石的成分及遗留的物质，人们可以分析出当时的自然环境和生物信息。

新生代（约6500万年前至今）

这是哺乳动物大爆发的时代。人类出现后，人类文明开始发展。

现在的大熊猫还保持着原有的古老特征，所以大熊猫也有"活化石"之称。

披毛犀的牙齿非常适合咀嚼植物，身上的长毛可以帮助它们抵御寒冷的气候。

剑齿虎和现代虎很像，但它们上牙更加发达，甚至还能捕猎犀牛。

岩石的3种类型

沉积岩

变质岩

火成岩

中生代（距今约2.5亿年~6500万年）

中生代分为三叠纪、侏罗纪和白垩纪。

侏罗纪时，陆地上的裸子植物非常茂盛，恐龙大量出现。

马门溪龙因发现于四川马门溪而得名，它的身长将近22米，其中脖子就占了一半长。

始祖鸟

翼龙虽然长得很像鸟，并且也会飞，但它却和其他恐龙一样，都是陆于行动物。

三叠纪时，珊瑚、海龟、鱼龙等动物出现了。

看！这里有一具恐龙的化石！

尽管霸王龙的前肢看起来又小又短，但这并不影响它成为恐龙时代最凶猛的食肉恐龙之一，毕竟它还有着非常粗壮和锋利的牙齿和极其强壮的后肢。

蛇颈龙既可以在海中捕食鱼类，又可以上岸休息和繁殖，就像现在的海狮一样。

白垩纪末期，火山频繁爆发，很多植物和动物都灭绝了，恐龙也是在这个时期灭绝的。

猛犸象

始螈

林蜥

晚古生代时期，脊椎动物发生了很重要的变化。鱼类开始大量出现，并逐渐爬上陆地，演化为两栖动物，之后有一些又演变成了爬行动物。

鱼石螈是最早的两栖动物之一。

中鲎鱼

沟鳞鱼

二齿兽的四肢粗壮有力，但它只有上颌长了两颗牙齿。

古生代（距今约5.4亿~2.5亿年）

早古生代时期，海生无脊椎动物大量出现，陆地上有了裸蕨等植物。

三叶虫的名字来自它那好像被分为3部分的头部。

鹦鹉螺的壳里一共藏着约30个"小房间"。它可以像潜艇一样，通过吸入、排出海水来调节自身的重量，从而在海里沉浮。

前寒武纪（约5.4亿年前）

地球上出现了浮游的微生物。

千万别小看这些"看不见"的微生物，它们不仅是世界上最早出现的生命形态，还是当今地球生态系统中三个生物要素之一的分解者，能够分解动植物残体、石油和微生物等。没有微生物，整个世界都将无法运行。

石油开采

我们现在使用的石油有很多都是由这个时期的生物转化来的。

1

这里的一天比一年还长

水星是太阳系中个头最小的行星，只比月球大一点点。

1水星日≈59个地球日

1水星年≈88个地球日

英文名字Mercury来源于古罗马神话中众神的使者墨丘利。

如果我们去金星上旅行，就会发现，今天还没有过完，今年就已经过去了。因为金星上的一年只有约225个地球日那么长，而金星上的一天却相当于243个地球日那么久。

水星是八大行星中距离太阳最近的。在水星上，我们想要完整地经历一个白天和一个晚上大约需要两个水星年的时间。

金星不愧是太阳系中最热的行星！

在金星上，我们能看到太阳西升东落的神奇景象。

金星

英文名字Venus来源于古罗马神话中的爱与美之神维纳斯。

467℃

地球是我们的家园，也是目前人类所知的唯一一个有生命存在的星球。

地球

从太空中看，地球是一个美丽的蓝色星球——地球上约71%的面积都被海洋覆盖着。

火星上也有四季变化。

小行星带

火星轨道和木星轨道中间有着一条

月球是地球唯一的一颗天然卫星。

1天≈24小时

1年≈365天

英文名字Mars来源于古罗马神话中的战神玛尔斯。

火星

火星看起来是红色的，就像一个生了锈的铁球，这是因为它的土壤里含有大量的氧化铁。

1火星日≈24小时37分

1火星年≈687个地球日

水星是太阳系中个头最小的行星，只比月球大一点点。

1水星日≈59个地球日

1水星年≈88个地球日

英文名字Mercury来源于古罗马神话中众神的使者墨丘利。

海王星是太阳系中距离太阳最远的行星，这里的温度在-220℃左右。

英文名字Neptune来源于古罗马神话中的海神尼普顿。

1海王星日≈16个小时

1海王星年≈165个地球年

海王星

在天王星上，白天和夜晚每隔42个地球年才会交替一次。

英文名字Uranus来源于古希腊神话中的天神乌拉诺斯。

天王星

土星

1天王星日≈17个小时

1天王星年≈84个地球年

英文名字Saturn来源于古罗马神话中的农业之神萨图恩，也就是朱庇特的父亲。

如果说其他行星都是站着在转圈，那么天王星就是在躺着转圈。

1土星年≈29个地球年

木星

木星是太阳系中最大的行星。

英文名字Jupiter来源于古罗马神话中的万神之主朱庇特。

1土星日≈11个小时

土星有着非常漂亮的土星环。这些土星环由尘埃、岩石和冰块等组成，组成物中大的有房屋那么大，小的只有雪花那么小。

1木星日≈10个小时

木星上的大红斑是一场直径比地球还要大的风暴，而且这场风暴已经持续了几百年。

1木星年≈12个地球年

和地球不同，木星有很多卫星。1610年，伽利略用他制作的天文望远镜发现了4颗木星的卫星。其中木卫三甚至比水星还大。

嘿！试试用水和沙子来计时

如果让你去划分一天的时间，你会怎么做呢？分为白天和夜晚吗？这样划分当然没有错，但如果你想把一天安排得更加合理，就需要将时间划分得更加详细。

中国是世界上最早使用日晷进行计时的国家之一，日晷主要由晷针和晷面组成。根据晷面和摆放位置的不同，日晷有着不同的种类。

日晷

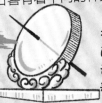

赤道式日晷的晷面平行于赤道面，两个晷面一面朝南，用于秋分到春分这半年；一面朝北，用于春分到秋分这半年。

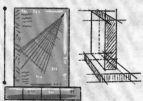

子午式日晷一面朝东，用于上午，一面朝西，用于下午。

圆柱面式日晷的晷面就是半圆筒的内圆柱面。

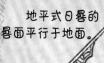

地平式日晷的晷面平行于地面。

球面式日晷的晷面就是球的内侧，晷针的顶点在球心上。

日晷只能在白天有太阳的时候使用，那么阴雨天气或者晚上没有太阳时，人们怎么知道时间呢？漏壶就这样登上了计时工具的舞台。

漏壶

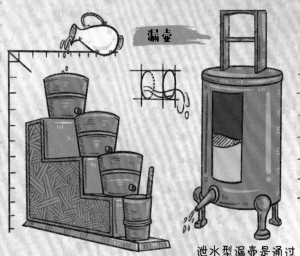

受水型漏壶是通过观测漏壶中增加的水的多少来计量时间的。

泄水型漏壶是通过观测漏壶中剩余的水的多少来计量时间的。

用流沙来计时也不会受天气和昼夜的影响。

沙漏

元朝时，詹希元发明了五轮沙漏，通过流沙来推动齿轮旋转，使指针在盘面上指示时间。

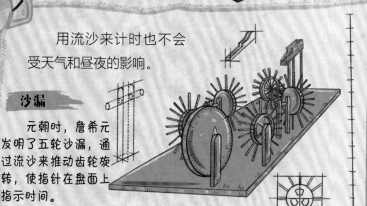

直到现在，我们还经常可以看到人们用沙漏来计时呢！

五轮沙漏运行原理↓

北宋时，苏颂主持修建了一座高达12米的水运仪象台。这是一种以水作为动力的复杂仪器，每到固定时刻，仪器里都会有小木人进行报时。

古代时，人们把一天分成12个时辰，每个时辰相当于现在的两个小时。每个时辰又分为前半部分的时初和后半部分的时正。

水运仪象台

浑仪：可以观测天体运动的一种仪器。

浑象：球面上标注着星宿的位置和名字。

木阁：最上面一层有3个小门，每到时初，左侧小门里的红衣木人就会摇铃；每到一刻，中间小门里的绿衣木人就会击鼓；每到时正，右侧小门里的紫衣木人就会敲钟。

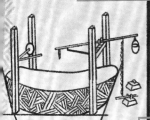

天锁：也叫天衡，一种擒纵装置，可以让齿轮匀速地转动。

天池：储存水的容器。

下面4层各有一个小门。每到固定的时刻，小门里就会出现一些拿着木牌的木人。

枢轮：整个仪器的动力系统，由一个巨型齿轮构成，齿轮的边缘上有凹槽来承接平水壶的水。凹槽水满后，在重力的作用下往下坠，从而带动齿轮旋转。

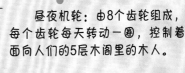

昼夜机轮：由8个齿轮组成，每个齿轮每天转动一圈，控制着面向人们的5层木阁里的木人。

平水壶：让水均匀地流到枢轮的凹槽里。

"巨人"的钟表

现在，我们的计时工具变得越来越小，越来越便捷。但可别忘了，地球上曾经出现过一些非常巨大的计时工具，它们看起来就像是巨人族使用的钟表。

斯通亨奇中最大的一块石头高约9米，重约50吨。在科技落后的几千年前，人们是怎么将它们运送到这里并搭建成现在这个样子的呢？现在的人们有很多猜想。

斯通亨奇

有人认为这是外星人利用先进的科技修建的。

标石

每年夏至，太阳都会从特定的标石上升起，因此很多人都相信，斯通亨奇其实是当时人们用来测算历法的工具。

有人认为是巨人一族搭建了它们。

在英国南部的平原上坐落着一处"巨人之墓"——斯通亨奇。它始建于新石器时代晚期，是世界上最著名的巨石建筑之一。

嘿咻！嘿咻！

还有人认为当时的人们利用滚木和斜坡修建了它。

快到午饭时间了，我得抓紧时间干活了！

天哪！上学要迟到了！

在古埃及，人们会通过日晷来安排时间。但他们可能也会用到一种更庞大的计时工具——方尖碑。

方尖碑

如果把方尖碑比作日晷中的晷针，那么平坦的地面就像是晷面。

再过一会儿就该回家了。

今天出门的时间比往常晚了一点。

等等我！

古埃及日晷

布拉格天文钟

十二星座

布拉格天文钟修建于1410年，但直到现在，它的走时都非常准确。钟表的周围雕刻了很多精美的雕像。每天中午12点，耶稣的12个使徒都会依次出现在钟表上方的窗户里。

月相：随着月球模型内部机关的运行，球体表面的月亮形状也会发生变化。

赤道

平太阳日：天文学上以地球自转周期为基准的时间计量单位，1平太阳日可以分为24平太阳时，也就是我们平时所用的时间单位。

钟塔

为了让齿轮均匀转动，人们在齿轮上增加了擒纵装置。

主轮的下方悬挂着重物。重物自然下落，带动齿轮旋转，从而使指针在表盘上转起来。

14世纪时，人们修建起了钟塔，它是由重物下落来驱动的，构造非常巧妙。

伊丽莎白塔因大本钟而成为世界上最著名的钟塔之一。它高达97米，位于塔上的表盘中仅分针就有4米多长。

自建成以来，大本钟就勤勤恳恳地坚持工作。但偶尔，它也会停下来，短暂地休息一下，比如当维修工人不小心将工具遗忘在了齿轮里、一群小鸟落在了分针上或者冬天的大雪阻止了指针的移动。当然，更多情况下，是因为它需要维修了，毕竟它已经160多岁了。

2

精确，精确，再精确

钟表是有误差的，因此在很长一段时间里，人们都需要时不时地对钟表进行校准。那么，有没有一种更加准确、同时更加便携的计时工具呢？

当然有！

16世纪初，德国的钟表匠彼得·亨莱因制作出了世界上第一只怀表。因为这只怀表是椭圆形的，就像一个蛋，而彼得·亨莱因又来自纽伦堡，所以人们把它称为"纽伦堡蛋"。

彼得·亨莱因

如今，我们的时间越来越精确了，所以即使不在同一个地方，也可以约定在相同的时间做相同的事情。与此同时，我们也可以更加合理地安排自己的时间了。

07:00

07:30

08:30

09:00

11:00

12:00

17世纪时，来自荷兰的物理学家惠更斯将摆的等时性原理应用到了钟表上，发明了摆钟。这种改进让钟表的误差大大地降低了。

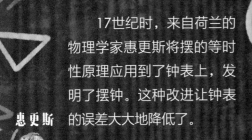

惠更斯

伽利略

伽利略是意大利著名的科学家，他观察教堂里的吊灯晃动，并从中发现了摆的等时性原理。

早上好！现在是北京时间7点整。今天会下雨，出门记得带伞哦！

距离终点站还剩5千米，前方左拐。

昨晚睡眠时间共8小时3分钟。

今日已运动40分钟，加油！

当前心率68次/分。

现在，手表越来越智能，不仅可以查看时间，还可以接听电话、预报天气、导航、记录睡眠情况和运动时长等。未来，它可能还会有更多更加便捷的功能。

嘀嘀嘀！

07:00

1967年，以电为能源的指针式石英电子表诞生了，它每天的误差仅有0.5秒，极大地提升了钟表计时的精确度。

1970年，美国发明了数字式的石英电子表。这种表比传统钟表的功能更多，不仅可以显示时、分、秒，还可以显示年、月、日、星期，以及调整12小时和24小时两种时制，并且还有闹钟功能。

14:00

17:00

19:00

toys

21:00

光速让时间停下来

$$s = vt$$

爱因斯坦是20世纪最伟大的科学家之一，他提出的相对论改变了很多人对于时间的认识。在他的理论中，光速是不变的，而物体运动的速度越接近光速，时间就会变得越慢，这就意味着，当运动速度达到光速时，时间似乎就会停止。这是怎么回事呢？

为了解释这个理论，爱因斯坦提出了雷达钟实验。

①假设一艘宇宙飞船停在一个空间站内，飞船里装有一个雷达钟，而光像乒乓球一样在雷达钟的两侧来回反射。

光的运动和在空间站里一样。

光走过的距离变长了。

②当飞船驶出空间站后，在飞船上的人看来，光从雷达钟一侧到达另一侧的时间并没有发生变化。

④当飞船的速度越来越接近光速时，光到达另一侧所需要的时间也越来越长，直到飞船的速度达到光速时，光就再也不能到达雷达钟的另一侧了。也就是说，时间停止了。

③但在空间站里的人看来，光从雷达钟一侧到达另一侧的时间变慢了，因为光需要花费更多的时间、走更长的距离才能够到达对面！

在爱因斯坦的理论中，光速在真空中是不会发生变化的。

0.14纳秒

相对论还提出物体受到的引力越大，时间越慢。所以相对于地面来说，飞机上的时间会更快一些。

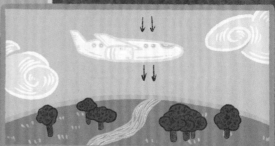

经过研究，科学家们发现人们乘坐约300千米/时的高铁移动1小时后，时间会变慢约0.14纳秒。但这个差距实在太小了，所以无法被察觉到。

我们常用的导航系统需要借助环绕在地球周围的导航卫星来获取位置信息。这些卫星在太空中高速飞行，所以它的时间每天会比地面上的时间慢7微秒；同时卫星又距离地面很远，受到的引力比地面小很多，所以它的时间每天会比地面上的时间快45微秒。两种情况综合后，卫星上的时间每天会比地面快大约38微秒。

目前全世界共有四大导航系统，分别是美国的全球定位系统（GPS）、俄罗斯的格洛纳斯卫星导航系统（GLONASS）、欧盟的伽利略卫星导航系统（GALILEO）和中国的北斗卫星导航系统（BDS）。

1秒=1000000微秒

38微秒对于人们来说几乎可以忽略不计，但如果不及时将卫星上的时间进行校准，那么我们的导航就会每天累积约10千米的定位误差。所以，人们每天都要将卫星上的时间往回调整38微秒。

美国　俄罗斯　欧盟　中国

普通钟表计时不够精确，所以导航卫星使用了目前最准确的计时仪器——原子钟。目前我国北斗三号使用的原子钟大约每300万年才会有1秒误差。

北斗三号全球卫星导航系统如何通过手机确定我们的位置呢？

北斗系统由空间段、地面段和用户段三部分组成，而我们的手机就是用户段。

① 手机向卫星发送定位请求。

④ 卫星把位置信息转发给手机。

为了保持准确的定位，导航系统会一直更新位置信息。

② 卫星把请求转发到地面的服务基站。

③ 基站通过卫星计算出具体的位置信息并发送给卫星。

一天到底有多长

地球就像一位优秀的舞者，总是在不停地旋转。地球自转一圈所花的时间就是一天。

一般情况下，我们都认为一天是24小时，但科学家们却说，一天只有23小时56分4秒。谁的说法才是正确的呢？

地球在自转的同时还在围绕着太阳不停地公转。

太阳

嗨！太阳，我要开始转了。

假设地球从此刻面对太阳时开始自转。

再次见到你很高兴，太阳。

我转够一圈了，可是太阳在哪里？我还是继续转吧！

00:00:00

23:56:04

00:00:00

地球转够一圈后，由于它相对太阳的位置也发生了变化，所以此时的地球没有像刚开始那样面对太阳。这时的一天就是一恒星日，也就是23小时56分4秒。

当地球再多转一点后，它才像出发时那样正对着太阳。这时的一天是以太阳为参照的，所以叫作一太阳日，也就是24小时。

所以，上面的两种说法都是正确的，只不过选择的参照物不同而已。在日常生活中，一天24小时的说法更便于我们进行计时。

通常情况下，一天包括一个白天和一个夜晚，但在南极和北极，有时候会连续几个月都是白天或者夜晚，这种现象叫作极昼或者极夜。

当太阳直射南回归线时，北极圈内即使到了中午也不会有太阳升起。

极光是一种非常特殊的发光现象，通常会发生在高纬度地区。

我已经连续一个月没有在黑暗中睡过觉了。

而此时的南极圈整天都是白天，太阳始终挂在天上，就像永远不会落下一样。

地球旋转得越来越慢了。在恐龙刚出现的时侯，一天大约只有23个小时。

而现在一天是23小时56分4秒。

也许在很久以后，一天会有30个小时。

地球自转变慢的原因非常复杂，但很多人相信这和地球的构造以及潮汐变化有关。

地球并不是一个"实心球"，它的内部有着流动的岩浆，就像一个生鸡蛋。当它的外壳转动时，内部的液体就会产生一定的阻力，从而让它慢下来。

太阳和月球引起了地球上的潮汐变化。当地球想要转动时，它们就"拉"住地球上的海洋、大气等，阻止地球转动，于是地球就转得慢了。

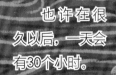

3

伦敦	马德里	雅典	亚的斯亚贝巴	喀布尔	塔什干
时区 14:00	东1区 15:00	东2区 16:00	东3区 17:00	东4区 18:00	东5区 19:00

在早上和你说"晚安"

早上8点钟，如果我们给远在巴西的小朋友打电话，那么我们就需要和他们说"晚安"而不是"早上好"，因为这时的巴西已经是晚上9点了。

地球上的所有国家不可能同时处于白天。因为地球是圆的，就像一个大皮球，而太阳就像一个大灯泡。

白天

地球自西向东转圈的时候，总有一半的地方能被太阳光照到，这些地方的人们就处于白天；而另一半不能被太阳光照到的地方就是夜晚。

如果全世界都使用同一个地区的时间，那么对于一些地方来说，太阳就会在凌晨1点的时候升起，而人们不得不在凌晨3点的时候去上班。

所以人们把全世界分成了24个时区，每个时区占15个经度，同时区的人们使用同一个时间，而每两个相邻时区相差1个小时。

这两个时区的时间一样，但东12区的日期比西12区早一天。

今天是7号，星期天。

12区 02:00	西11区 03:00	西10区 04:00	西9区 05:00	西8区 06:00	西7区 07:00
12区 02:00	阿洛菲	夏威夷	阿拉斯加	洛杉矶	丹佛
阿纳德尔					

2

新西伯利亚 东6区 20:00　河内 东7区 21:00　北京 东8区 22:00　东京 东9区 23:00　墨尔本 东10区 00:00　霍尼亚拉 东11区 01:00

我国领土跨越了5个时区，但我们统一使用首都北京所在的东8区时间。

北京时间并不是北京（东经116°）的地方时间，而是东经120°的地方时间，并且这个时间是由位于陕西的中国科学院国家授时中心台负责发布的。

今天是8号，星期一。

为了确定地球上每个地方的准确位置，人们在地球仪或者地图上绘制了一张由经线和纬线交织成的"经纬网"。

纬线是地球表面某个点随着地球自转形成的轨迹，并且和经线相互垂直。

经线是地球表面连接南、北两极，并且垂直于赤道的弧线。

英国格林尼治皇家天文台所在的经线是本初子午线，也就是0°经线。

夜晚

在这页的上、下两栏，你可以看到在同一时刻，世界上不同时区的时间。

有些国家在度过夏天时会实行夏令时，将钟表上的时针往前拨1个小时，使得显示的时间比理论时间早1个小时。当夏天过去后，再把时针往后拨1个小时。

西6区 08:00 芝加哥　西5区 09:00 华盛顿　西4区 10:00 加拉加斯　西3区 11:00 里约热内卢　西2区 12:00 格陵兰岛　西1区 13:00 普拉亚

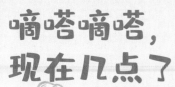

嘀嗒嘀嗒，现在几点了

钟表真奇怪！同样都是指针从数字1转到了数字2，时针代表着过去了1个小时，分针却代表着过去了5分钟，而秒针代表着只过去了5秒钟，为什么会这样呢？

钟表小镇上的数字都有自己固定的房子。房子里既可以住阿拉伯数字，也可以住对应的罗马数字。仔细找一找，你能把罗马数字和阿拉伯数字——对应上吗？

我一天只能在表盘上走两圈。当我从一个数字走到下一个数时，时间就过去了1个小时。

我一天能在表盘上绕24圈。当我从一个数骑到下一个数时，时间就过去了5分钟。

表盘上每两个数字之间的区域被分成了5个小格子，整个表盘上一共有60个小格子。

我们都是9！

除了这种指针式钟表，我们在生活中还可以看到另一种数字式钟表。

在阿拉伯数字传入欧洲之前，欧洲人一直使用罗马数字。但是它们写起来比较麻烦，也不方便进行计算，所以现在已经很少有人使用了。

数字式钟表会直接显示出时间，其中位于"分隔号"左边的数字是小时数，位于"分隔号"右边的数字是分钟数。

现在是12点34分。

在"钟表小镇"上，时针、分针和秒针的运行都有着自己独特的规则。

如果把钟表当成一座小镇，那么表盘上的12个数字就是居民。而短短的时针像一个慢悠悠散步的人，走得最慢；中等的分针就像一个骑着自行车的人，走得比时针快多啦！最长的秒针就像一辆小汽车，跑得最快！

如果分针正好指向了数字12，那么现在的时间就是时针指向的数字的整点。

现在是1点整。

我一天可以在表盘上绕1440圈！当我从一个数跑到下一个数时，时间才过去了5秒钟。

有时候，钟表上还会出现第四根指针，它往往出现在闹钟的表盘上。它就像一只睡着了的树懒，一动不动。当时针、分针和秒针同时到达树懒所代表的时间点时，它们就会一起叫醒树懒。

如果时针在两个数字中间，那么我们就需要把它经过的那个数字作为现在的小时数，然后读出分针指向的分钟数。

现在是1点20分。

24小时制钟表

在英国的格林尼治天文台，有一个非常特别的钟表，它的表盘被分成了24个格子。这就是24小时制钟表。在这个表盘上，时针一天只能转一圈。

在方形表盘上，有时候会出现格子大小不一样的情况，但我们只需要数格子数就可以了。

倒计时是怎么来的呢

随着倒计时的结束，火箭在轰隆隆的巨响和滚滚的浓烟中逐渐飞离地面，奔向宇宙。

5 4 3 2 1 **点火！**

看！这就是我的火箭！它在空中飞了约12米高、56米远！

戈达德

1926年3月16日，美国火箭专家、物理学家戈达德研制的世界上第一枚液体火箭试飞成功。但这时，人们还没有用到倒计时。

"NOW！"

第一次在火箭发射过程中采取倒计时的是一部科幻电影——《月球少女》。

这部电影让科学家们发现，倒计时不仅能准确区分火箭发射前和发射后的时间，还能让工作人员清楚地知道准备时间还剩下多少，从而产生紧迫感。于是之后的火箭发射中就使用了倒计时。

除了10秒点火倒计时，火箭发射还有射前2小时、1小时、30分钟、20分钟等准备口令。在这期间一旦发现问题，需要及时排除隐患，否则将会影响发射。

知了日报
1970年4月24日

距离长征一号火箭发射只剩2个多小时时，科研人员突然发现了一个从火箭上掉下来的弹簧垫圈。经过再三检查，专家确定这个垫圈只是多余物，并不会影响火箭发射。

（本报记者：小楠）

知了日报
2013年8月27日

日本宇宙航空研究开发机构最新研发的新型固体燃料火箭Epsilon在进入发射倒计时后，因火箭监测系统故障而宣布终止发射。

（本报记者：小吴）